图解砌体工程施工细部做法100讲

主编 张 力

哈爾濱工業大學出版社

内 容 简 介

本书根据国家最新颁布的规范及标准编写而成,详细介绍了砌体工程施工细部做法,内容全面,条理清晰。全书内容包括:砌体工程基础施工细部做法,砖砌体工程施工细部做法,石砌体工程施工细部做法,砌块砌体工程施工细部做法,其他砌体工程施工细部做法,砌体工程季节性施工细部做法。

本书可供砌体工程施工技术人员、现场管理人员、相关专业大中专院校的师生学习参考。

图书在版编目(CIP)数据

图解砌体工程施工细部做法 100 讲/张力主编. —哈尔滨:
哈尔滨工业大学出版社,2016.11
ISBN 978 - 7 - 5603 - 6101 - 7

Ⅰ.①图… Ⅱ.①张… Ⅲ.①砌体结构–工程施工–图解
Ⅳ.①TU754-64

中国版本图书馆 CIP 数据核字(2016)第 152281 号

策划编辑　郝庆多
责任编辑　王桂芝　段余男
出版发行　哈尔滨工业大学出版社
社　　址　哈尔滨市南岗区复华四道街 10 号　邮编 150006
传　　真　0451 - 86414749
网　　址　http://hitpress.hit.edu.cn
印　　刷　哈尔滨工业大学印刷厂
开　　本　787mm×1092mm　1/16　印张 14.25　字数 350 千字
版　　次　2016 年 11 月第 1 版　2016 年 11 月第 1 次印刷
书　　号　ISBN 978 - 7 - 5603 - 6101 - 7
定　　价　36.00 元

编　委　会

主　编　张　力

副主编　冯义显

参　编　沈　璐　于海洋　牟英娜　苏　健

　　　　马广东　杨　杰　齐丽娜　于　涛

　　　　董　慧　何　影　李　瑞　吴　宁

　　　　罗　娜　白雅君

前　言

　　中国是砌体大国,一些伟大的历史建筑载入了人类的文明发展史,是我们引以为豪的象征:两千多年前建造的万里长城,是世界上最伟大的砌体结构工程之一;春秋战国时期兴修的都江堰水利工程,至今仍然起灌溉的作用;1400多年前用石料修建的赵县赵州桥,是当今世界上现存最早、保存最完善的古代单孔敞肩石拱桥,该桥已被美国土木工程学会评定为最悠久的"国际历史上土木工程里程碑"。新中国成立后,中国建筑事业出现前所未有的崭新局面,进行了规模巨大的城市建设、住宅建设和公共建筑建设。与此同时,新材料、新技术不断涌现,设计、施工队伍也在不断壮大,建筑事业呈现出一派欣欣向荣的景象。

　　近年来,中国大力开展配筋砌体的应用研发,取得了可喜的成绩,已建成多栋高层配筋砌体结构建筑。然而,由于砌体结构本身固有的一些特性,需大量使用地方建筑材料,其质量参差不齐;建造中主要依靠手工操作,工人技术水平高低不一,操作中常出现不规范的行为,从而导致建筑物出现质量问题,甚至是质量事故。为解决此类问题,我们组织相关专家、学者在充分总结经验的基础上,编写了本书。

　　本书根据国家最新颁布的规范及标准编写而成,详细介绍了砌体工程施工细部做法,内容全面,条理清晰。全书主要内容包括:砌体工程基础施工细部做法,砖砌体工程施工细部做法,石砌体工程施工细部做法,砌块砌体工程施工细部做法,其他砌体工程施工细部做法,砌体工程季节性施工细部做法。

　　本书可供砌体工程施工技术人员、现场管理人员、相关专业大中专院校的师生学习参考。

　　由于编者水平有限,不足之处在所难免,恳请有关专家和读者批评指正,提出宝贵意见。

编　者

2015 年 6 月

目　录

1 砌体工程基础施工细部做法

基础施工是砌体工程正式施工的开始,涉及定位放线、土方开挖、验槽及钎探、地基处理,基础施工根据具体工程基础的结构形式不同,采取不同的施工程序及工艺。

1.1 土方开挖

讲1:定位放线

1. 工程定位

进行房屋建筑施工首先必须对拟建工程的具体位置进行定位。工程定位,通常包括两个方面的内容,一是平面定位,一是标高定位。

依据施工场地上建筑物主轴线控制点或其他控制点,将拟建建筑物外墙轴线的交点利用经纬仪投测到地面所设定位桩顶面一固定点(一般为木桩顶面作为标志的小钉上)作为标志的测量工作,就称为工程平面定位,简称定位。

根据施工现场水准控制点,计算±0.000标高,或根据±0.000与某建筑物、某处标高相对关系,用水准仪与水准尺在供放线用的龙门桩上标出相关标高,当作拟建工程标高控制的参照基准,即是所谓的标高定位。

(1)工程平面定位。通常用经纬仪进行直线定位,然后用钢尺沿着视线方向丈量出两点间所需的距离。平面定位有下列三种方法。

1)根据"建筑红线"和定位桩点的定位。所谓建筑红线,是当地建设行政主管部门根据当地的总体规划,在地面上测设的允许用地的边界点的连线,是不得超越的法定边界线。而定位桩点是建筑红线上标记坐标值或标有与拟建建筑物成某种关系值的桩点。

2)拟建建筑物和原有建筑物的相对定位。是指拟建建筑物与已有建筑物或现存地面物体具有相对关系的定位。一般可根据设计图上给出的拟建建筑物和已有建(构)筑物或道路中心线的位置关系数据,定出拟建建筑物主轴线的位置。

3)现场建立控制系统定位,是在建筑总平面图上建立的正方形或矩形网格系统。其格网的交点称为控制点。

(2)工程标高定位。设计±0.000标高,包括两种表示方法,一种是绝对标高,即离国家规定的某一海平面的高度;另一种是相对标高,即与周围地物的比较高度。

1)绝对标高表示的±0.000的定位施工图上通常都注明±0.000相对于绝对标高的数值,该数值可从建筑物附近的水准控制点或大地水准点引测,同时在供放线的龙门桩或施工场地固定建筑物上标出。

2)相对标高表示的±0.000的定位在拟建建筑物周围原有建筑较多,或邻近街道较近时,一般在施工图上直接标注±0.000的位置和某建筑物或某地标物的某处标高相同或成某种相对关系,则可由这里进行引测。

（3）定位资料整理。定位工作结束之后,应对定位资料进行及时整理,定位资料的内容包括:工程名称、建筑面积、建设单位、设计单位、施工单位、监理单位;测量人员、预检人员签名;测量日期与预检日期等。

2. 放线

定位完成后应进行基槽或独立柱基的开挖放线工作。所谓放线,是指根据已定位的外墙轴线交点桩(通常称为角桩),详细测设出建筑物各轴线的交点桩(或称中心桩),然后根据交点桩在自然地面上标示出基槽(或基坑)的开挖范围及边线,因为都是用白灰撒出标示线,所以俗称放灰线,简称放线。

常规砌体结构工程大多限于多层建筑范畴,其基础通常为浅基础形式,基础土方开挖的方法和程序随基础的具体结构形式的不同而不同。一般有地下室工程需大开挖形成基坑。无地下室工程,对一般砌体结构工程通常采用墙下条形基础,进行基槽开挖即可;对底框结构的工程,通常是柱基,如果为独立柱基,围绕柱基分别开挖小型基坑即可,如果为柱下条形基础或柱下十字交叉基础,则需要开挖连接各柱基基坑的条基基槽。

（1）设置轴线控制桩或龙门板。因为基槽开挖后,角桩和中心桩将被挖掉,为了方便施工中恢复各轴线位置,应将各轴线延长到槽外安全地点,并做好标志。方法包括设置轴线控制桩(引桩)和龙门板两种。

1）测设轴线控制桩(引桩)。中小型建筑物的轴线引桩一般是根据角桩测设的。如果有条件也可把轴线引测到周围原有的地物上,并做好标记,以此来代替引桩。

2）设置龙门板。在一般民用建筑中,常常在基槽开挖线以外一定距离处设置龙门板,如图1.1所示,并使龙门板的上缘标高正好为±0.000,用经纬仪将边轴线全部引测,并标钉在龙门板上。

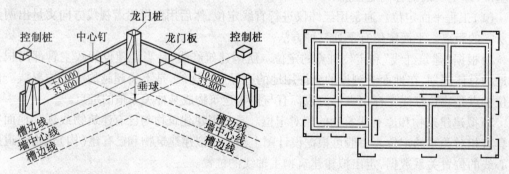

图1.1　控制桩与龙门板

用龙门板保存定位轴线及±0.000标高是传统的方法,现在因为测量仪器的先进和广泛使用,不少建筑工地已不再设置龙门板,但角桩控制桩(引桩)和标高基准的设置还是必须的。

（2）确定基槽的开挖边线。根据中心轴线,来考虑基础宽度、基础施工工作面、放坡等因素,确定实际开挖的范围,用白灰在地面上撒出基槽或基坑的开挖边线(图1.2)。

柱基放线与基槽的定位放线原则相同,在柱基的四周轴线上布置四个定位木桩,其桩位应在基础开挖线以外0.5～1.0 m。如果基础之间的距离较小,可每隔1～2个或几个基础打一定位桩,但两定位桩的间距应不超过20 m,以便拉线恢复中间柱基的中线。接着按施工图

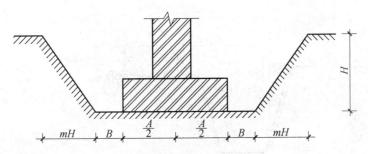

图 1.2　基槽开挖放线示意图

A—基础宽度；*B*—基础施工工作面；*H*—基槽深度；*m*—坡度系数

注：基槽开挖范围 $=2mH+2B+A$

上柱基的尺寸再考虑放坡、基础施工工作面等，确定实际开挖的范围，放出基坑上口挖土灰线。

有地下室基础的大开挖基坑，通常只需根据角桩测设出外墙轴线，再考虑边墙基础宽度、施工工作面和基坑放坡等因素，确定基坑开挖范围，放出灰线，就能开挖。

讲 2:土方开挖

开挖基坑(槽)应按照规定的尺寸合理确定开挖顺序和分层开挖深度，连续地进行施工，快速完成。

1. 开挖控制

(1)开挖深度控制。

1)标杆法。利用两端龙门板拉小线。按龙门板顶面和槽底设计标高差，在小木杆上画一横线标记，检查时将木杆上的横线和小线相比较，横线与小线对齐时就是要求的开挖深度。如图 1.3 所示，槽深设计标高-1.800，龙门板顶面标高-0.300，高差 1.500 m，在小木杆1.500 m 处画横线，就可将小木杆立在槽底逐点进行槽底标高检查。

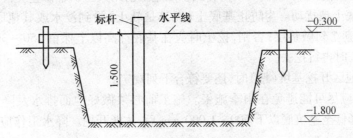

图 1.3　标杆法检查槽底标高

2)抄平法。在即将挖到槽底设计标高时，利用水准仪在槽壁上测设一些水平小木桩(图1.4)，使得木桩的上表面离槽底设计标高为一固定值(如0.500 m)，用来控制挖槽深度。为了施工时使用方便，通常在槽壁各拐角处和槽壁每隔3~4 m 处都测设一水平桩，必要时，可沿水平桩的上表面拉上线绳，作为清理槽底以及打基础垫层时掌握标高的依据。

(2)槽底开挖宽度控制。如图 1.5 所示，先利用轴线钉拉线，接着用线坠将轴线引测到槽底，根据轴线检查两侧开挖宽度是否符合槽底宽度。若因开挖尺寸小于应挖宽度而需要修整，可以在槽壁上钉木桩，让木桩顶端对齐槽底应挖边线，然后再按照木桩进行修边清底。

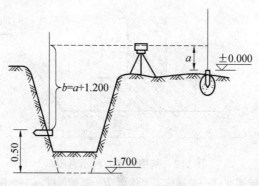

图1.4　抄平法检查槽底标高

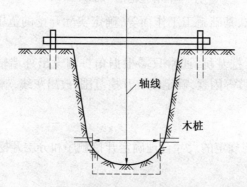

图1.5　利用轴线检查基槽底宽

2. 基槽开挖注意事项

（1）弃土。挖出的土除预留一部分用来回填外,不应在场地内任意堆放,应将多余的土运到弃土地区,避免妨碍施工。

（2）防止超挖。为防止基底土被扰动,结构被破坏,用机械挖土不能直接挖到坑(槽)底,在基底标高上方留出200~300 mm,等到基础施工前用人工铲平修整。

（3）防止基底土被扰动。为防止基底土(尤其是软土)受到浸水或其他原因的扰动,基坑(槽)挖好后,应立刻做垫层,否则,挖土时应在基底标高以上保留150~300 mm厚的土层,等到基础施工时再行挖去。

（4）在软土地区开挖基坑(槽)时,还要符合下列规定:

1）地基基础应尽可能避免在雨季施工。施工前必须做好地面排水及降低地下水位工作,地下水位应降低至基坑底以下500~1 000 mm后,才能开挖。降水工作应持续到回填完毕。

2）施工机械行驶道路应填筑一定厚度的碎石或砾石,必要时应铺设工具式路基箱(板)或梢排等。

3）相邻基坑(槽)开挖时,需遵循先深后浅或同时进行的施工顺序,并应及时做好基础。

4）挖出的土禁止堆放在坡顶上或建筑物(构筑物)附近。

讲3:验槽及钎探

1. 验槽

验槽是建筑物施工第一阶段基槽(坑)开挖至设计标高后的重要工序,也是一般岩土工程勘察工作的最后一个环节。验槽是为了普遍探查基槽的土质和特殊土情况,以此判断原钻探是否需补充;原基础设计是否需修正;是否存在需做局部处理的异常地基等。

(1)验槽的时间及参加人员。当施工单位开挖基坑(槽)至设计标高,进行了质量自检,按照要求需进行钎探的已经完成了钎探后,由建设单位召集勘察、设计、监理、施工,以及质量监督机构的相关负责人员及技术人员到现场,进行实地验槽。

(2)验槽的目的。

1)检验工程地质勘察成果是否和实际情况相符。

一般地勘时勘探孔的数量有限,基槽全面开挖后,地基持力层土层完全暴露出来,所以,验槽的目的首先是检验实际情况和地勘成果是否一致,重点是持力层土质、地下水位情况和地勘报告的结论是否一致,地勘成果的建议是否正确并切实可行。如果有不相符的情况,应协商解决,采取修改设计方案,或对地基进行处理等措施。

验槽对土质进行直接观察时,可用袖珍式贯入仪当作辅助手段进行原位测试,如图1.6所示。

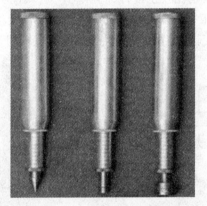

图1.6　PT型袖珍贯入仪

2)审查钎探报告。

①通过审查钎探记录,检查钎探作业是否全面、正常;

②通过钎探报告的审查,确定基坑底面以下有无空穴、古墓、古井、防空掩体、地下埋设物以及其位置、深度和性状,如果有,应提出处理措施。

3)基坑(槽)开挖质量检查。

①核对基坑的位置、平面尺寸、坑底标高等是否达到设计要求;

②基坑是否积水,基底土层是否被扰动;

③有无其他影响基础施工质量的因素(例如基坑放坡是否合适,有无塌方等)。

(3)验槽的结论及相关处理。验槽应形成正式的《地基验槽记录》,参加各方签字确认。

如果验槽中发现问题需要处理,应由勘察或设计单位提出具体处理建议,必要时办理洽商或变更,施工单位处理完毕后,填写《地基处理记录》进行复验,直到通过地基验收。

2. 钎探

钎探是轻型动力触探的俗称。动力触探试验(DPT)是利用一定的锤击动能,将一定规格的探头打入土中,依靠每打入土中一定深度的锤击数(或以能量表示)来判定土的性质,并对土进行大致的力学分析的一种原位测试方法。动力触探试验方法可以分为两大类,即圆锥动力触探试验与标准贯入试验。前者依据所用穿心锤的质量将其分为轻型（锤质量10 kg，落距50 cm）、重型和超重型动力触探试验。通常将圆锥动力触探试验简称为动力触探或动探，将标准贯入试验简称为标贯。

基底钎探就是基础开挖达到设计承载力土层后，通过将钢钎打入土层，对基底土层下是否存在墓穴、坑洞等进行探查，并根据一定进尺所需的击数探测土层情况或粗略估计土层的容许承载力的一种简易的探测方法。通常从基坑（基槽）内部按照一定的距离（1 m左右或者依据实际情况确定）依次钎探。勘探单位会根据土质情况要求做或不做钎探。

钎探程序：确定打钎位置及顺序→就位打钎→记录锤击数→整理记录→拔钎盖孔→检查孔深→灌砂。钎探分人工钎探与机械钎探。

（1）人工钎探。人工钎探即人工打钎。现场仿轻型动力触探试验设备示意图（图1.7），通常用 ϕ25 钢筋制成钎杆，钎头呈60°尖锥形状，钎长 1.5 ~ 2.0 m，10 kg 穿心锤落距50 cm自由落下锤击钎杆顶部，钎杆每打入土层30 cm为一步，记录一次锤击数（N10），每一钎探点需钎探五步，如果每次沉入度均比较正常，数值相差不大，就说明基底比较正常。

（2）机械钎探。因为人工打钎受人的不确定因素影响较大，所以有专门的机械钎探设备（图1.8），其钎探原理和人工钎探相同，只是将人力打钎换成机械打钎。

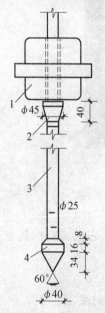
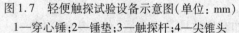

图1.7　轻便触探试验设备示意图（单位：mm）
1—穿心锤；2—锤垫；3—触探杆；4—尖锥头

图1.8　机械钎探设备

（3）钎探注意事项。钎探除了确保钎位基本准确，不遗漏钎孔，钎探深度满足要求，锤击数记录准确等外，还应注意：

1）在进行钎探之前，需绘制探点布置图。探点平面布置图应和基础施工平面图一致，按比例标出方向和基槽（坑）轴线及各轴线编号。钎探过程中，应在图上标注过硬或过软孔号的位置，在钎探记录表上用有色铅笔或符号将不同的锤击数孔位分开，以方便勘察设计人员分析处理。

2）如果N10超过100或贯入10 cm锤击数超过50，则应停止钎探。

3)如基坑不深处有承压水层,钎探可导致冒水涌砂,当持力层为砾石层,且厚度符合设计要求时,可不进行钎探。

4)基土受雨后不能钎探。

5)钎探完毕后,应做好标记,保护好钎孔,未经质量检查和复验,不能堵塞或灌砂,钎孔灌砂应密实。

6)工程在冬季施工,每打1孔应随时覆盖保温材料,不能大面积掀开,防止基土受冻。

7)人工钎探应注意施工安全,操作人员需专心施工,扶锤人员与扶钎杆人员要密切配合,防止出现意外事故。

讲4:地基的处理

对钎探验槽中发现的地基问题,其处理方法有地基处理和修改基础设计两类。

1. 地基处理

(1)整体处理。对一般砌体结构工程浅基础来说,当基底大部为软土或填土时,应将软弱土层清除干净,地下水位以上可采用2:8灰土、地下水位以下使用级配砂石分层回填夯实,也可将基础埋深适当加大。

(2)局部处理。

1)局部坑、沟、坟穴、软土的处理。将坑底和四壁的松软土清除至天然土层,然后使用与天然土层压缩性质相近的材料回填。天然土层是可塑的黏性土、中密的粉土时,可选用2:8灰土或1:9灰土;天然土层是硬塑黏性土、密实粉土砂土,宜选用级配砂石。如果坑的深度、面积很小,宜采用级配砂石。回填时需分步回填,并按1:1放坡做踏步。

2)旧房基、砖窑底、压实路面等局部硬土,通常需要挖除。挖除后回填材料根据周围土质决定。全部挖除有困难时,可挖除0.6 m深再进行回填,保证地基沉降均匀。

3)大口井或土井的处理。如果基槽内发现砖井,应将井中的砖圈拆除至1~2 m以下,井内是软淤泥不能全部清除时,可在井底抛片石挤淤,然后再使用与周围土质相近的材料回填。如果为井径较小的水泥管井,可将井管填实,采用地基梁跨越。

4)人防通道及管道的处理。如果人防通道或管道允许破坏,应将其挖除,用好土回填。如果不允许破坏,可采用双墩(桩)担横梁上加基础避开通道。如果通道位于基础边缘,可采用悬挑梁避开。管道为上下水道时,应采取防渗漏措施,管道上方应预留足够尺寸,以免建筑物沉降挤压管道。

2. 基础及结构措施

采取地基处理措施的同时,也可采取基础和结构措施,或单独采取基础或结构措施。例如清除填土层后不回填,而将基础埋深适当增加;独立柱基础,个别基础部位较硬或较软,可调节基础尺寸;基槽半边硬半边软,或半边为天然土层半边为回填土层,可在适当部位调节沉降缝或伸缩缝;局部回填之后,适当加强基础与上部结构的整体强度和刚度等。

1.2 基础施工

讲5:砌体结构工程基础的结构形式

砌体结构工程的基础形式与主体结构的形式相关。

1. 一般砌体结构工程的基础形式

（1）墙下条形基础。条形基础是指基础长度显著超出其宽度的一种基础形式。

墙下条形基础有砌体条形基础与钢筋混凝土条形基础两类。墙下砌体条形基础在砌体结构中获得广泛应用，如图1.9所示。当上部墙体荷载较大而土质较差时，有采用"宽基浅埋"的墙下钢筋混凝土条形基础的。墙下钢筋混凝土条形基础往往做成板式（或称"无肋式"），如图1.10（a）所示，但当基础延伸方向的墙上荷载和地基土的压缩性不均匀时，为了增强基础的整体性及纵向抗弯能力，减小不均匀沉降，常常采用带肋的墙下钢筋混凝土条形基础，如图1.10（b）所示。

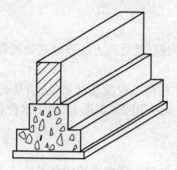

图1.9　墙下砌体条形基础

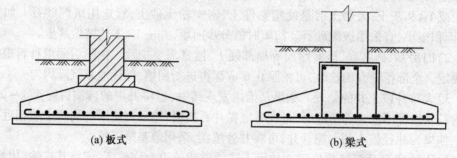

(a) 板式　　　　　　　　　　　　(b) 梁式

图1.10　墙下钢筋混凝土条形基础

（2）墙下独立基础。当地基上层为软土时，若仍采用条形基础则必须将基础落深到下层好土上，这时就要开挖较深的基槽，土方量非常大，考虑到经济性，也有采用墙下独立基础的，即独立基础穿过软土层，在墙下设置基础梁承托墙身，基础梁支承在独立基础上。墙下独立基础通常布置在墙的转角处，以及纵横墙相交处，当墙较长时中间也应布置。墙下的基础梁可以采用钢筋混凝土梁、钢筋砖梁和砖拱等。

2. 底框结构砌体工程的基础形式

（1）柱下独立基础。底框结构的砌体工程，因为底部竖向承重结构为框架柱，所以，采用柱下独立基础是比较常见的形式。它所用材料根据材料和荷载的大小而定。

现浇钢筋混凝土柱下常常采用现浇钢筋混凝土独立基础，基础截面可为阶梯形或锥形（图1.11）。

对单层或其他荷载不大的砌体结构工程，也可采用砌体柱，其柱下独立基础如图1.12所示。

（2）柱下条形基础。当地基软弱而荷载较大时，如果采用柱下独立基础，可能因基础底

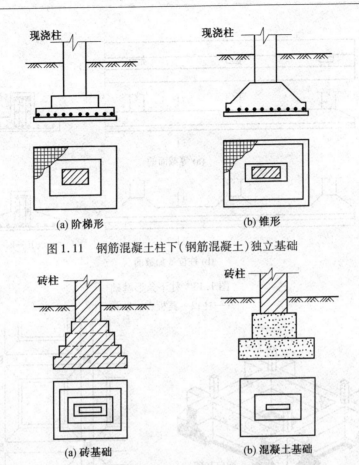

图 1.11   钢筋混凝土柱下（钢筋混凝土）独立基础

图 1.12   砌体柱下刚性独立基础

面积很大而使得基础边缘相互接近甚至重叠；另一方面，当荷载较大或荷载分布不均匀、地基承载力偏低时，为增大基底面积或增强整体刚度，以减少不均匀沉降，并方便施工，常常将同一排的柱基础连通成柱下钢筋混凝土条形基础（图 1.13）。当荷载非常大时，则采用双向的柱下钢筋混凝土条形基础，形成十字交叉条形基础（又称井格基础），如图 1.14 所示。

（3）筏板基础。当地基软弱而荷载很大、采用十字交叉基础也无法满足地基基础设计要求时，则采用钢筋混凝土筏板基础，又称片筏基础（图 1.15）。我国南方某些城市在多层砌体住宅基础中大量应用筏板基础，并直接做在地表土上，称无埋深筏基。筏板基础不但能减少地基土的单位面积压力，提高地基承载力，而且还可以增强基础的整体刚度，调整不均匀沉降，在多层和高层建筑中被广泛应用。

对设有地下室的砌体结构工程而言，为满足使用功能上的要求，地下室需要一个平整的地面，为减小埋深，降低墙高，节约成本，因此基础通常采用筏板基础形式。但这个筏板基础往往并不是因为地基土软弱而为提高地基承载力的需要而设计的真正筏板基础，而是按照条形基础进行设计计算，再按基底净反力与构造要求确定条形基础底板的最小厚度，最后将条形基础之间用钢筋混凝土板连成一个整体而已。

讲 6：墙下条形刚性基础施工

条形砖基础的施工程序为：拌制砂浆→确定组砌方法→排砖摆底→砌筑→抹防潮层。

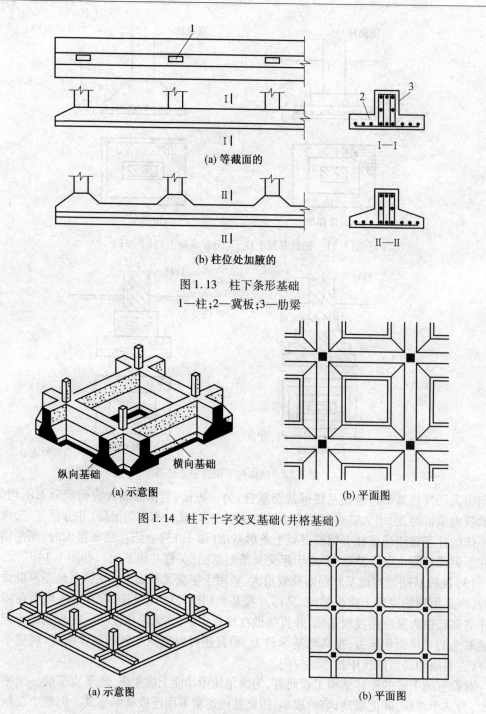

(a) 等截面的

(b) 柱位处加腋的

图 1.13　柱下条形基础
1—柱;2—翼板;3—肋梁

纵向基础　　横向基础

(a) 示意图　　　　　　　　(b) 平面图

图 1.14　柱下十字交叉基础(井格基础)

(a) 示意图　　　　　　　　(b) 平面图

图 1.15　筏板基础(片筏基础)

1. 施工技术交底与基础皮数杆的制作

(1)施工技术交底。技术交底是建筑施工的一项重要技术管理工作,其目的是使得参与建筑工程施工的技术人员与工人了解和掌握所承建的工程项目的特点、设计意图、技术要求、施工工艺以及应注意的问题。

1)施工技术交底的要求。

①工程施工技术交底必须满足建筑工程施工质量验收规范、技术操作规程(分项工程工艺标准)及质量检验评定标准的相应规定。并应注意符合工程所在地的地方性的具体技术规定。

②工程施工技术交底必须执行国家各项技术标准,包括计量单位及名称。施工企业制定有企业内部标准的,技术交底时应认真贯彻实施。

③技术交底应符合施工设计图中的各项技术要求,尤其是当设计图纸中的技术要求和技术标准高于国家施工及验收规范的相应要求时,应予以更详细的交底和说明。

④应符合施工组织设计或施工方案的各项要求,包括技术措施及施工进度等要求。

⑤对不同层次的施工人员,其技术交底深度和详细程度不同,交底的内容深度及说明的方式应有针对性。

⑥施工技术交底需全面、明确,并突出要点。应详细说明怎么做,执行哪些标准,其技术要求施工工艺与质量标准和安全注意事项等应分项具体说明,不得含糊其辞。

⑦在施工中使用的新技术、新工艺、新材料,应进行详细交底,并交代怎样做样板等具体事宜。

2)砌体结构工程施工技术交底包括的内容。

①原材料的技术要求:砖、石等原材料的质量要求,砂浆强度等级,砂浆配合比、砂浆试块组数及其养护。

②轴线标高;砌筑部位;轴线位置;各层水平标高,门窗洞口位置以及墙厚变化情况等;各预留洞口和各专业预埋件位置及数量、规格、尺寸,各不同部位和标高。

③砌体组砌方法和质量标准;质量通病预防办法及其注意事项。

④施工安全交底,包括安全注意事项及对策措施、既往同类工程的安全事故教训等。

3)施工技术交底的实施办法。施工技术交底的实施办法一般有下列几种:

①会议交底。主要适用于施工单位总工程师或主任工程师向施工项目负责人及相关技术人员进行的技术交底。

②书面交底。单位工程技术负责人向各作业班组长及工人进行技术交底,应强调采用书面交底的形式。

班组长在接受技术交底后,要组织全班组成员进行认真学习和讨论,明确工艺流程及施工操作要点、工序交接要求、质量标准、技术措施、成品保护方法、质量通病预防方法和安全注意事项。

③施工样板交底。样板交底,是指根据设计图纸的要求、具体做法,经由本企业技术水平较高的老工人先制作出达到优良品标准的样板,作为其他工人学习的实物模型,这种交底直观易懂,有利于操作工人掌握操作要领,熟悉施工工艺操作步骤和质量标准,效果良好。

④岗位技术交底。是指根据操作岗位的具体要求,制定操作工艺卡,并根据施工现场的具体情况,通过书面形式向工人随时进行岗位交底,提出具体的作业要求,包括安全操作方面的要求。

(2)皮数杆制作。在进行条形基础施工时,先在要立皮数杆的地方埋设一根小木桩,到砌筑基础墙时,将画好的皮数杆钉在小木桩上。皮数杆顶应高出防潮层,杆上需画出防潮层的位置,并标出高度和厚度(图1.16)。皮数杆上的砖层还要按照顺序编号。画到防潮层底的标高处,砖层必须是整皮数。

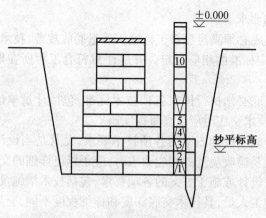

图 1.16 基槽皮数杆的放置

2. 垫层施工

基础垫层是位于基础大放脚下面将建筑物荷载均匀地传递到地基的找平层,它是基础的一部分。垫层通常是用素土、灰土、碎砖三合土、级配砂石及低标号混凝土制作。详见表 1.1。

表 1.1 各类垫层施工方法

垫层种类	施工方法
素土垫层	挖去基槽的软弱土层,分层回填素土,并分层夯实,一般适用于处理湿润性黄土或杂填土地基
灰土垫层	一般采用三七灰土或二八灰土夯实而成,即用熟石灰和黏土按体积比为 3∶7 和 2∶8 拌和均匀,分层夯实。灰土垫层 28 d 的抗压强度可达 1.0 MPa。灰土施工留槎时,不得留在墙角、柱墩及承重窗间的墙下。接缝处必须充分夯实。铺虚灰土时,应铺过接槎处 30 cm 以外。夯实时也应超过接槎的 30 cm 以外,灰地垫层施工完毕,应及时进行上部基础施工和基槽回填,防止日晒雨淋,否则应临时遮盖
碎砖三合土垫层	碎砖三合土垫层是由石灰、粗砂和碎砖按体积比为 1∶2∶4 或 1∶3∶6 加适量水拌和夯实而成。熟化后的石灰、粗砂或中砂及 3~5 cm 粒径的碎砖三种材料加水拌和均匀后,倒入基槽,分层夯实,虚铺的第一层厚度以 22 cm 为宜,以后每层为 20 cm,均匀夯实,直至设计标高为止。最后一遍夯打时,喷洒浓灰浆。略干后铺一层薄砂,最后再平整夯实
级配砂石垫层	采用级配良好、质地坚硬的砂、卵石做成的垫层称为砂、卵石垫层,砂应清洁,不得含有过量的土、草屑等杂物;石子粒径以 3~5 cm 为宜,材料质地应坚实、干净,含泥量不宜大于 3%。施工时将一定厚度的软弱土层挖掉,然后分层铺设级配砂、卵石,每层铺设厚度为 150~250 mm,并用机械夯实。若软弱土层深度不同时应先深后浅,分段施工的接头应做成踏步或斜坡搭接。每层应错开 0.5~1.0 m,并充分捣实
混凝土垫层	混凝土垫层是指在基础大放脚下面采用无筋混凝土做成的垫层,混凝土的强度等级一般采用 C15 级。厚度多为 300~500 mm,最低不低于 100 mm。当地下水位较高或地基潮湿,不宜采用灰土垫层时,可采用混凝土垫层。在浇注混凝土时,投入体积比为 30% 的毛石,构成毛石混凝土垫层,可节约水泥,提高强度

垫层施工前,应对基槽进行验收,检查其轴线、标高、平面尺寸、边线是否达到要求。如基槽已被雨雪或地下水浸泡,应将浸泡的软土层清理干净,并夯填 10 cm 厚的碎石或卵石。

3.砖砌基础施工

垫层施工完毕以后,应进行砖基础的施工准备及砌筑工作,依次为:

(1)清扫垫层表面。垫层局部不平,高差超过 30 mm 处,应用 C15 以上细石混凝土找平后,并用水准仪进行抄平,检查垫层顶面是否和设计标高相符。

(2)进行基础弹线。基础弹线按下列工序进行:

1)在基槽四角的龙门板或其他控制轴线的标志桩上拉线绳。

2)沿线绳挂线锤,在垫层面上,找出线锤的投影点,投影点数量依据需要确定。

3)用墨线弹出各投影点间的连线,就能得到外墙下基础大放脚的轴线。

4)依据基础平面图尺寸,用钢尺量出内墙基础的轴线位置,并用墨线弹出。所用的钢尺一定要事先校验,以免产生过大的误差。

5)根据基础剖面图,量出大放脚外边线,并且弹出墨线,可弹出一边或两边的界限。

6)按图纸设计及施工规范要求,复核放线尺寸,如图 1.17 所示。

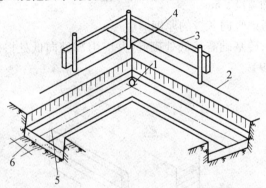

图 1.17 基础弹线示意图

1—锤球;2—线绳;3—龙门板;4—轴线定位钉;

5—墙中心线;6—基础轴线

(3)设置基础皮数杆。基础皮数杆设置的位置需在基础转角、内外墙基础交接处以及高低踏步处,一般间距为 15~20 m。皮数杆需垂直竖立在规定位置处,并用水准仪进行抄平。

(4)排砖摆底。基槽、垫层已办完隐检手续,基础轴线边线已经放好,皮数杆已立好,并办完预检手续后,可进行排砖摆底工序。其目的为在砌筑基础前,先用砖试摆,以确认排砖方法和错缝位置。

砖基础下部的扩大部分称为大放脚。大放脚有等高式及不等高式两种(图 1.18)。等高式大放脚为两皮一收,每次每边各收进 1/4 砖长;不等高式大放脚为两皮一收和一皮一收相间隔,每次每边也收进 1/4 砖长,但最下一层应为两皮砖。

砖基础大放脚顶面宽度需比基础墙厚大约 120 mm;大放脚高度应不超过 750 mm(即等高式不超过 6 层,不等高式不超过 9 层)。

大放脚底面宽度通过设计计算而定,大放脚各皮的宽度应是半砖长的整倍数(包括灰缝)。当设计未具体规定时,大放脚基底宽度可以按下式计算:

$$B = b + 2L \tag{1.1}$$

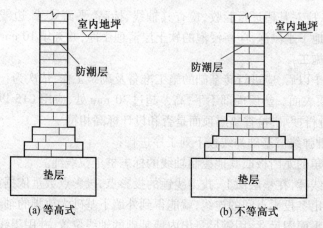

(a) 等高式　　　　　　(b) 不等高式

图1.18　砖基础

式中　B——大放脚基底宽度,mm;

　　　b——基础墙身宽度,mm;

　　　L——基础收进的宽度,mm。

实际应用时,还需考虑竖向灰缝的厚度。

当基底标高不同时,砖基础需从低处砌起,并应由高处向低处搭砌,搭砌长度不得小于大放脚的高度 h(图1.19)。

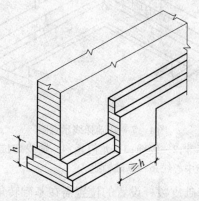

图1.19　基底标高不同时的砖基础搭砌

大放脚基底宽度计算好后,就能进行排砖摆底。排砖就是按照基底尺寸线与已定的组砌方式,将砖在一定长度内摆一层,一般情况下,要求山墙摆成丁砖,檐墙摆成顺砖,就是所谓的"山丁檐跑"。

由于建筑设计的尺寸是以100 mm为模数的,而砖是以120 mm为模数的,两者之间的矛盾只有通过排砖,即通过调整竖向灰缝厚度来解决。在排砖中要将转角、墙垛、洞口、交接处等不同部位排得既合砖的模数,又符合设计的尺寸,要求接槎合理,操作便捷。

排砖完成后,用砂浆把干摆的砖砌起来,称为摆底。对摆底的要求,一是不得改变已排好砖的平面位置,要一铲灰一块砖的砌筑;二是必须严格与皮数杆标准砌平,通常应该在大角按皮数杆砌筑好后,拉好拉紧准线,方可使摆底砌筑全面铺开。

例:一砖墙身六皮三收等高式大放脚的做法。

这种大放脚共有三个台阶,每个台阶的宽度为1/4砖长,即60 mm。按式 $B=b+2L$ 进行计算,可得基底宽度为 $B = 240$ mm $+ 2 \times 180$ mm $= 600$ mm;考虑到竖缝后实际应为 615 mm,即两砖半宽。其组砌方式如图1.20所示。

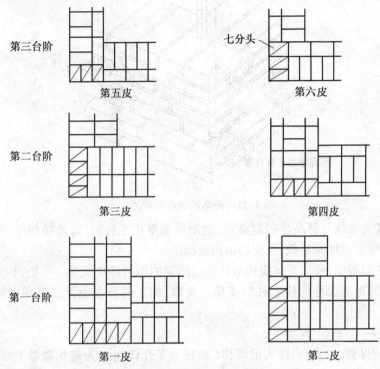

图1.20 六皮三收大放脚等高式台阶排砖方法

(5)砖基础砌筑。

1)砖基础的盘角。盘角即是在房屋的转角、大角处砌好墙角。砌筑时,应先在转角处、交接处立起基础皮数杆(插入基础垫层中),按照皮数杆先砌转角处、交接处几皮砖,每次盘角的高度通常不得超过五皮砖,并用线锤检查垂直度,同时要检查其与皮数杆的符合情况,如图1.21所示。基础盘角的关键是墙角的垂直度及平整度,要严格按照皮数杆控制灰缝厚度及墙的高度。

盘角完成后,在角与角间拉准线,依靠准线砌中间部分的砖。砖基础砌完后,皮数杆应拔出,所留孔洞用碎砖及砂浆填实。

2)砖基础的收台阶。基础大放脚每次收台阶均必须用卷尺量准尺寸,中间部分的砌筑需以大角处准线为依据,不能用目测或砖块比量,以免出现误差。收台阶结束后,砌基础墙前,要利用龙门板拉线检查墙身中心线,同时用红铅笔将"中"画在基础墙侧面,便于随时检查复核。

砖基础大放脚通常采用一顺一丁砌法,各层最上一皮砖以丁砌为主。竖缝需错开,要注意十字和丁字接头处砖块的搭接,在这些交接处,纵横墙要隔皮砌通。在转角处、交接处,应按照错缝需要加砌配砖(俗称七分头砖)。

(6)地圈梁施工。地圈梁又称基础圈梁,是布置在±0.000以下承重墙中,按构造要求设置连续闭合的梁。其作用主要是调节可能出现的不均匀沉降,加强基础的整体性,使地基反力分布均匀,同时还具有圈梁的作用及防水防潮的作用,当条形基础的埋深太大时,接近地

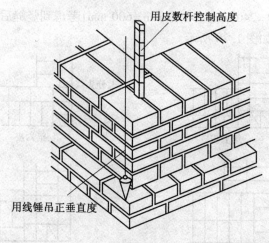

用皮数杆控制高度

用线锤吊正垂直度

图 1.21　砖基础盘角示意图

面的圈梁可以作为首层计算高度的起算点,地圈梁通常用于砖混、砌体结构中,对砌体有约束作用,有助于抗震。地圈梁截面、配筋由构造确定。

　　地圈梁施工过程中,要注意抗震构造柱与地圈梁的钢筋绑扎关系。一般,构造柱下端都锚入地圈梁中,即地圈梁作为构造柱的支座。所以,施工时要在设计位置预埋构造柱的插筋。

　　(7)防潮层施工。

　　1)防潮层的设置。对吸水性大的墙体(如黏土多孔砖墙),为避免墙基毛细水上升,一般在底层室内地面以下一皮砖处,即是在离底层室内地面下 60 mm 处(地面混凝土垫层厚度范围内)设置防潮层,如图 1.22 所示。当墙身两侧的室内地坪具有高差时,在高差范围的墙身内侧也应做防潮层。

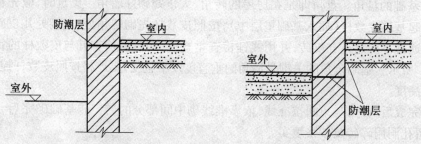

防潮层　室内　　　　　　　　　　　　　室内

室外　　　　　　　　　室外　　　　　　　　防潮层

图 1.22　基础墙身防潮层

　　2)防潮层的施工。基础墙砌到±0.000 以下 60 mm 时,检查轴线位置、垂直度及标高,合格后做防潮层。

　　防潮层通常采用 1∶2.5 水泥砂浆内掺水泥质量 3%~5% 的防水剂搅拌而成。防潮层需作为一道工序来单独完成,禁止在砌墙砂浆中添加防水剂进行砌筑来代替防潮层。

　　抹防潮层时,需先将基础墙顶面清扫干净,并浇水润湿。在基础墙顶的侧面抄出水平标高线,然后用板条夹在基础墙两侧,板条的上口依靠水平线找平,然后摊铺砂浆,一般为 20 mm 厚,等到初凝后再用抹子收压一遍,表面必须平实,不要求光滑。

　　当墙基是混凝土、钢筋混凝土、石砌体或布置有地圈梁时,可不做墙身防潮层。

（8）预留孔洞的施工。在供热通风、给水排水及电气工程中，均有多种管道穿过建筑物的基础墙体。管道穿墙时，一定要做好保护和防水措施，否则将使管道发生变形或与墙壁结合处产生渗水现象，影响管道的正常使用。砖基础中设计要求的洞口、管道、沟槽应在砌筑时正确留出或预埋，禁止打凿砖基础以及在砖基础上开凿水平沟槽。宽度超过 300 mm 的洞口上部，应布置钢筋混凝土过梁。

1）穿墙导管。因为基础受力较大，在使用过程中可能发生较大的沉陷，并且当管道有较大振动，并有防水要求时，管道外宜预设穿墙套管（亦称防水套管），然后在套管内安装穿墙管，这种形式称为活动式穿墙管。穿墙套管根据管间填充情况可分刚性穿墙套管和柔性防水套管两种。

①刚性穿墙套管（图 1.23）。刚性穿墙套管适用于穿过有一般防水要求的建筑物及构筑物，套管外要加焊翼环。套管与穿墙管之间填入沥青麻丝，然后用石棉水泥封堵。

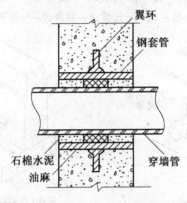

图 1.23　刚性穿墙套管

②柔性防水套管（图 1.24）。柔性防水套管适用于管道穿过墙壁的地方存在较大振动或有较高防水要求的建筑物和构筑物。

无论是刚性或柔性套管，均必须将套管一次浇固于墙内，对砌体结构基础，在套管穿墙处需改用混凝土，混凝土浇筑范围需比翼环直径大 200 ~ 300 mm。

套管处混凝土墙厚对于刚性套管不小于 200 mm，对于柔性套管不小于 300 mm，否则需让墙壁一侧或两侧加厚，加厚部分的直径需比翼环直径大 200 mm。

2）穿墙留洞。管径在 75 mm 时，留洞宽度通常比管径大 200 mm。高度应比管径大 300 mm。使建筑物出现下沉时不致压弯或损坏管道（图 1.25a）。当管道穿过基础时，将局部基础依照错台方法适当降低，使管道穿过（图 1.25b）。

管道穿过地下室墙壁的构造作法通常按标准图集《地下建筑防水构造》（10J301）处理。

（9）成品保护与基础土方回填。基础施工完后，应及时回填。

1）基础墙砌完复查前，应注意保护轴线桩、水平桩、龙门板，禁止碰撞。

2）注意保护基础内的暖卫、电气套管以及其他预埋件。

3）加强对抗震构造柱钢筋和拉结筋的保护，不能踩倒弯折。

4）基础墙两侧的回填土，应同时进行，否则未填土一侧需加支撑；暖气沟侧墙内应加垫板撑牢，防止另侧填土时挤歪挤裂。回填土应分层夯实，禁止向槽内灌水即所谓的"水夯法"。

5）回填土运输时，严禁在墙顶上推车运土，以免损坏墙顶。

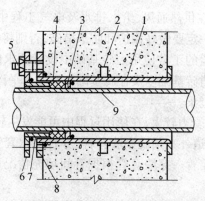

图 1.24　柔性防水套管

1—套管;2—翼环;3—挡圈;4—橡皮条;5—双头
螺栓;6—法兰盘;7—短管;8—翼盘;9—穿墙管

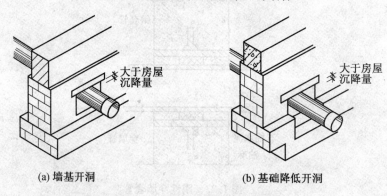

(a) 墙基开洞　　　　　　　　　(b) 基础降低开洞

图 1.25　管道通过基础的处理

4. 基础砌筑的注意事项

(1)在冻胀地区,地面以下或防潮层以下的砌体,不应采用多孔砖,如采用时,其孔洞需用水泥砂浆灌实。当采用混凝土砌块砌体时,其孔洞需采用强度等级不低于 Cb20 的混凝土灌实。

(2)如有抗震缝、沉降缝时,缝的两侧应按照弹线要求分开砌筑。砌筑时缝隙内落入的砂浆要及时清理干净,保证缝道通畅。

(3)基础分段砌筑必须留踏步槎,分段砌筑的高度相差不应超过 1.2 m。

(4)基础大放脚应错缝,利用碎砖与断砖填心时,应分散填放在受力较小的、不重要的部位。

(5)预留孔洞应留置准确,禁止事后开凿。

(6)基础灰缝必须密实,以免地下水的浸入。

(7)各层砖与皮数杆要保持一致,偏差不能大于±10 mm。

(8)管沟和预留孔洞的过梁,其标高、型号一定要安放正确,座灰饱满,如座灰厚度超过 20 mm 时需用细石混凝土铺垫。

(9)搁置暖气沟盖板的挑砖和基础最上一皮砖都应采用丁砖砌筑,挑砖的标高应一致。

(10)地圈梁底和构造柱侧应留出支模用的"穿杠洞",等到拆模后再填补密实。

5. 毛石基础施工

(1)毛石基础砌筑的技术准备。

1)检查放线在砌筑前,应先掌握图纸内容,了解基础断面形式是台阶形还是梯形。然后按照图纸要求核查龙门板的标高、轴线位置、基槽的宽度与深度,清除槽内杂物、污泥、积水,再在槽内撒垫石渣进行夯实。还应随时修正偏差和修整基槽的边坡。

毛石基础大放脚应放出基础轴线及边线,立好基础皮数杆,皮数杆上标明退台和分层砌石的高度,皮数杆之间要拉准线。阶梯形基础还应定出立线与卧线,立线是控制基础大放脚每阶的宽度,卧线是控制每层高度与平整度,并逐层向上移动,如图 1.26 所示。

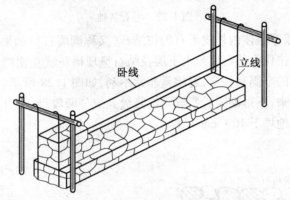

图 1.26 毛石基础砌筑时的立线与卧线

2)基础或垫层标高修正。毛石基础大放脚垫层标高修正与砖基础相同。如在地基上直接砌毛石,则应将基底标高进行清整,以达到设计要求。

(2)毛石基础砌筑的操作要点。

1)毛石基础的摆底。毛石基础大放脚,应按照放出的边线进行摆底,与砖基础大放脚类似,毛石基础大放脚的摆底,关键要处理好大放脚的转角,做好檐墙与山墙丁字相交接槎部位的处理。大角处应选择相对方正的石块砌筑,俗称放角石。角石应有三个面比较平整、外形比较方正,并且高度适宜大放脚收退的断面高度。角石立好后,以此石厚为基准将水平线挂在石厚高度处,再依线摆砌外皮毛石和内皮毛石,这两种毛石要有所选择,至少有两个面较平整,使得底面窝砌平稳,外侧面平齐。外皮毛石摆砌好后,再填中间的毛石(俗称腹石)。

2)毛石基础的收退。毛石基础收退,必须掌握错缝搭砌的原则。第一台砌好后应适当找平,再将立线收到第二个台阶,每阶高度一般为 300 ~ 400 mm,并最少二皮毛石,第二阶毛石收退砌筑时,要拿石块错缝试摆,上级阶梯的石块需至少压砌下级阶梯的 1/2,相邻阶梯的毛石需相互错缝搭砌,阶梯形毛石基础每阶收退宽度不能大于 200 mm,如图 1.27 所示。

每砌完一级台阶(或一层),其表面必须大致平整,不得有尖角、驼角、放置不稳等现象。如果有高出标高的石尖,可用手锤修正。毛石底坐浆应饱满,通常是砂浆先虚铺 40 ~ 50 mm厚,然后把石块砌上去,利用石块的重量将砂浆挤摊开来铺满石块底面。

3)毛石基础的正墙。毛石基础大放脚收退至正墙身处,同样应做好定位及抄平工作,并引基础正墙轴线到大放脚顶面和墙角侧边,再分出边线。基础正墙主要依靠基础上的墨线和在墙角处竖立的标高杆(相当于砌砖墙的皮数杆)进行砌筑。

毛石墙基正墙砌筑,要求保证墙体的整体性和稳定性,每一层石块与水平方向间隔 1 m

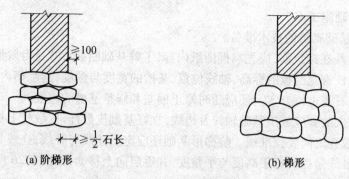

(a) 阶梯形　　　　　　　　　　(b) 梯形

图1.27　毛石基础

左右,要砌一层贯通墙厚压住内外皮毛石的拉结石(又称满墙石),如果墙厚大于400 mm,至少压满墙厚2/3方可拉住内外石块。上下层拉结石呈现梅花状互相错开,以免砌成夹心墙。夹心墙严重影响墙体的牢固和稳定,对质量非常不利,如图1.28所示。砌筑正墙还应注意,墙中洞口应事先留出来,不得砌完后凿洞。沉降缝处应分两段砌,不宜搭接。毛石基础正墙身通常砌到室外自然地坪下100 mm左右。

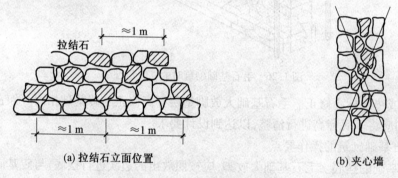

(a) 拉结石立面位置　　　　　　　　　(b) 夹心墙

图1.28　正墙砌筑拉结石形式

4)抹找平层和结束毛石基础。毛石基础正墙身的最上一皮摆放,应选择比较直长、上表面平整的毛石作为顶砌块,顶面找平通常浇筑50 mm厚的C20细石混凝土,其表面需要加防水剂抹光。基础墙身石缝应用小抿子嵌填密实、找平结束也就完成毛石基础的全部工作,正墙表面应加强养护。

讲7:底框结构的钢筋混凝土基础施工

底框结构的基础无论是独立基础、柱下条形基础,还是筏板基础,大多是钢筋混凝土结构,其施工工序主要为定位放线、模板支设、钢筋绑扎、混凝土浇筑以及养护等。

1. 钢筋混凝土独立基础的施工

砌体结构工程钢筋混凝土独立基础按照其构造形式,可分为现浇筑锥形基础、阶梯形基础。

(1)现浇筑锥形基础的构造。

1)现浇筑锥形基础的构造。锥形基础的构造形式,如图1.29(a)所示。基础下面一般设有低强度等级(C10)素混凝土垫层,垫层厚度是100 mm,基础边缘的高度通常不小于200 mm。当基础高度在900 mm以内时,插筋需伸到基础底部的钢筋网,并在端部做成直弯钩;当基础高度较大时,位于柱子四角的插筋需伸到底部,其余的插筋只需伸入基础达到锚固长度即可。插筋长度范围内都应设置箍筋。基础混凝土强度等级不低于 C15。受力钢筋直径不应小于 $\phi8$,间距不应大于 200 mm。当有垫层时,钢筋保护层厚度不应小于 35 mm,无垫层时不应小于 70 mm。基础顶面每边从柱子边缘放出不小于 50 mm,以利于柱子支模。

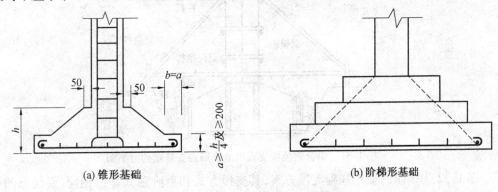

(a) 锥形基础   (b) 阶梯形基础

图 1.29　现浇柱独立基础构造形式

2)现浇阶梯形基础的构造。阶梯形基础的构造,如图 1.29(b)所示。基础的每个台阶通常为 300 ~ 500 mm。基础高度:当 $h \leqslant 350$ mm 时,用一阶;当 350 mm $< h \leqslant 900$ mm 时,用二阶;当 $h > 900$ mm 时,用三阶。阶梯尺寸通常为整数,在水平及垂直方向都用 50 mm 的倍数。其他构造要求与锥形基础相同。

(2)现浇独立基础的施工。

1)模板支设。在现浇钢筋混凝土工程中,模板工程占重要地位,它直接影响到整个工程的质量、工期及成本,所以必须予以充分重视,并应结合工程具体情况,选择适宜的模板系统。

图 1.30 为现浇阶梯形独立基础的木模板支设示意图,虽然目前木模板已经很少使用了,但其支模方案对钢模板支模仍具有参考价值。

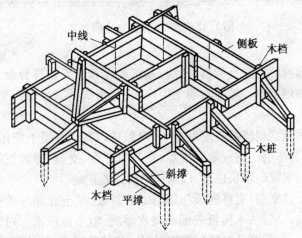

图 1.30　现浇阶梯形独立基础的木模板支设示意图

图 1.31 为组合钢模板支设现浇锥形独立基础的方案图,其中基础上的柱模板设置在预制混凝土块上,一次完成独立基础与柱的混凝土浇筑,也可以将基础与柱分开支模、两次浇

筑。施工中需注意基础上的柱和相邻基础柱的位置关系,相互间应采用脚手架钢管在纵横两个方向上进行拉结,以求稳固。

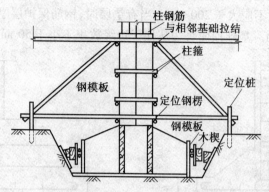

图1.31 组合钢模板支设现浇锥形独立基础的方案图

图1.32为多阶的独立基础支模方案,其支模方式和单阶独立基础相同,要注意的是上阶模板要设置在下阶模板上,并且各阶模板的相对位置要固定牢固,防止混凝土浇筑时模板位移。

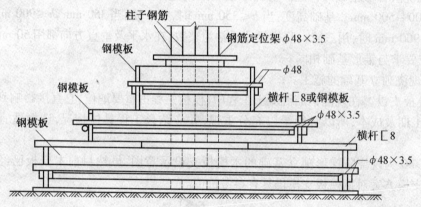

图1.32 多阶独立基础支模方案

2)施工要求。

①在混凝土浇灌前应先进行验槽,轴线、基坑尺寸和土质需符合设计规定。坑内浮土、积水、淤泥、杂物应清理干净。局部软弱土层应挖去,用灰土或砂砾回填并夯实直至与基底相平。

②在基坑验槽后应立刻浇灌垫层混凝土,以保护地基。混凝土应用表面振动器进行振捣,要求表面平整。当垫层达到一定强度后,在其上弹线、支模、铺放钢筋网片,底部用和混凝土保护层同厚度的水泥砂浆块垫塞,以确保钢筋位置正确。

③在基础混凝土浇灌前,应将模板与钢筋上的垃圾、泥土和油污等杂物清理干净;对模板的缝隙和孔洞应加以堵严;木模板表面要浇水湿润,但不能积水。对于锥形基础,应注意锥体斜面坡度的正确,斜面部分的模板需随混凝土浇捣分段支设并顶压紧,防止模板上浮变形,边角处的混凝土必须注意捣实。禁止斜面部分不支模,用铁锹拍实。

④基础混凝土宜分层连续浇灌完成。对于阶梯形基础,每个台阶高度可为一个浇捣层,每浇完一台阶应停0.5~1.0 h,以利于混凝土获得初步沉实,然后再浇灌上层。每一台阶浇

完,表面需基本抹平。

⑤基础上有插筋时,要将插筋进行固定以保证其位置的正确,防止浇捣混凝土时产生位移。

⑥基础混凝土浇灌完,应用草帘等覆盖并浇水进行养护。

2. 钢筋混凝土条形基础的施工

(1)条形基础构造。

1)墙下条形基础。墙下条形基础的构造,如图 1.33 所示。受力钢筋按照计算确定,并沿宽度方向设置,间距应不大于 200 mm,但不宜小于 100 mm,条形基础通常不配弯起钢筋。沿基础纵向设置分布筋,直径通常为 $\phi6 \sim \phi8$ mm,间距为 $250 \sim 300$ mm,置于受力筋之上。此外,沿纵向加设肋梁是为增加基础抵抗不均匀沉降的能力,肋梁按照构造配筋。钢筋混凝土墙下条形基础所用混凝土强度等级应不低于 C15。

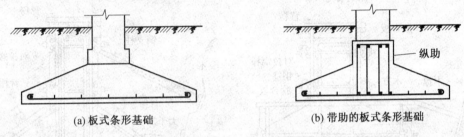

(a) 板式条形基础   (b) 带肋的板式条形基础

图 1.33　钢筋混凝土墙下条形基础

2)柱下条形基础。柱下条形基础构造,如图 1.34 所示。其截面通常为倒 T 形,底板伸出部分称为翼板,中间部分称为肋梁。翼板厚度 h 通常不小于 200 mm,当 h 为 $200 \sim 250$ mm 时,翼板可做成等厚度;当 h 大于 250 mm 时,可做成坡度不大于 $1:3$ 的变厚度板。肋梁的高度按计算确定,通常取 $1/8 \sim 1/4$ 柱距。翼板的宽度 b 根据地基承载力计算确定,肋梁宽 b_1 应比该方向柱截面略微大些。为调整底面形心位置,减少端部基底压力可以挑出悬臂,在基础平面布置允许的条件下,其长度宜小于第一跨距的 $1/4 \sim 1/3$。

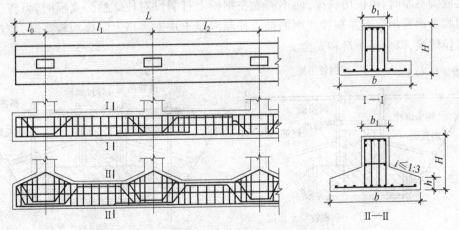

图 1.34　柱下钢筋混凝土条形基础构造

基础肋梁的纵向受力钢筋根据内力计算确定,一般上下双层配置,直径不小于 10 mm,配筋率不应小于 0.75%。梁底纵向受拉主筋一般配置 $2 \sim 4$ 根,且其面积不少于纵向钢筋总面积的 1/3,弯起筋和箍筋按弯矩及剪力图配置。翼板受力筋根据计算配置,直径不小于 10 mm,间距为 100~200 mm。箍筋直径为 $\phi6~\phi8$ mm,在距支座轴线 0.25~0.30L(L 为柱距)范围内箍筋需加密布置,当肋宽 $b\leq350$ mm 时用双肢箍;当 350 mm<$b\leq800$ mm 时用 4 肢箍;当 b>800 mm 时用 6 肢箍。

　　混凝土等级通常为 C20,素混凝土垫层通常为 C10,厚度不小于 75 mm。

　　(2)条形基础施工。

　　1)模板支设。图 1.35 为带坡度的条形基础支模,其中图 1.35(a)为胶合板模板支设方案,图 1.35(b)为组合钢模板支设方案。地梁和大放脚基础一次支模,地梁模板放置在钢筋支架或预制混凝土块上。当斜坡坡度小于 20°时,可不支坡度模板,当坡度超过 20°时,应支坡度模板,坡度模板应用铁丝固定在大放脚的钢筋上,以免浇筑时模板上浮。

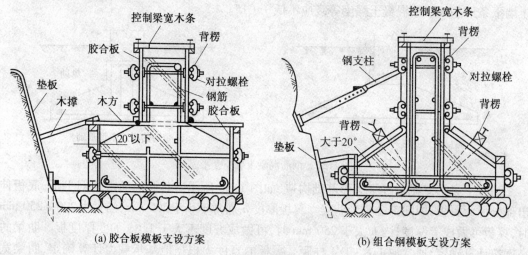

(a)胶合板模板支设方案　　　　　　　　(b)组合钢模板支设方案

图 1.35　带坡度的条形基础支模

　　图 1.36 为不带坡度条形基础组合钢模板支设方案图,组合钢模板刚度良好,一般条形基础大放脚不厚时,可仅用斜撑,而不需要在钢模上打洞设对拉螺栓。支模时,可将上阶模板利用脚手钢管吊起来并搁置在钢筋架或预制混凝土块上。当上阶模板较高时,应按照计算设对拉螺栓,以确保质量和安全。

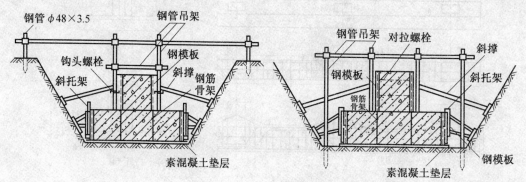

图 1.36　不带坡度条形基础组合钢模板支设方案图

　　2)施工要求。条形基础的施工在验槽、局部软弱土层处理、垫层浇筑、模板支设等方面的要求和独立基础基本相同。应注意:

①混凝土自高处倾落时,其自由倾落高度不宜超过 2 m,如果高度超过 2 m,应设料斗、漏斗、串筒、斜槽、溜管,以免混凝土产生分层离析。

②混凝土宜分段分层灌筑,每层厚度应符合表 1.2 的规定。各段各层间需互相衔接,每段长 2~3 m,使得逐段逐层呈阶梯形推进,并注意先使得混凝土充满模板边角,然后浇灌中间部分。

表 1.2　浇筑混凝土的允许分层厚度

捣实混凝土的方法		浇筑分层厚度/mm
插入式振捣		振动器作用部分长度的 1.25 倍
表面振捣		200
人工捣固	在基础、无筋混凝土或配筋疏的结构中	250
	在配筋较密的结构中	150
轻骨料混凝土	插入式振捣	300
	表面振捣(振动时需加荷)	200

③混凝土应连续浇灌,以确保结构良好的整体性,如必须间歇,间歇时间不宜超过表 1.3 的规定。如时间超过规定,应设置施工缝,并应等到混凝土的抗压强度达到 1.2MPa 以上时,方可继续灌筑,以免已浇筑的混凝土结构因为振动而受到破坏。施工缝处在继续浇筑混凝土前,应将接槎处混凝土表面的水泥薄膜(约 1 mm)以及松动石子或软弱混凝土清除,并用水冲洗干净,充分湿润,且不能积水,然后铺 15~25 mm 厚水泥砂浆或先灌一层减半石子混凝土,或是在立面涂刷 1 mm 厚水泥浆,再正式继续浇筑混凝土,并仔细捣实,使其紧密结合。

表 1.3　浇筑混凝土的允许间歇最长时间　　　　　　　　　　　　　　　　单位:min

混凝土强度等级	气　　温	
	不高于 25 ℃	高于 25 ℃
不高于 C30	210	180
高于 C30	180	150

注:1. 表中数值包括混凝土的运输和浇筑时间。

　　2. 当混凝土中掺有促凝或缓凝型外加剂时,其允许时间应根据试验结果确定。

3. 片筏式钢筋混凝土基础

(1)片筏式基础构造。片筏式钢筋混凝土基础由底板、梁等整体形成。当上部结构荷载较大、地基承载力较低时,可以采用片筏基础。片筏基础在外形及构造上像倒置的钢筋混凝土楼盖,分为平板式与梁板式两种,前者一般用于荷载不大,但柱网比较均匀且间距较小的情况,后者用于荷载较大的情况。梁板式又有正置与倒置两种,如图 1.37 所示。

片筏式基础下通常设置 100 mm 厚 C10(防水混凝土结构为 C15)混凝土垫层,每边超出基础底板不小于 100 mm。

片筏基础配筋应通过计算确定,按双向配筋,宜用 HPB235、HRB335 级钢筋。分布钢筋在板厚 h 不大于 250 mm 时,一般为 φ8@250;h 大于 250 mm 时,为 φ10@200。

墙下片筏基础,适用于筑有人工垫层的软弱地基和具有硬壳层的比较均匀的软土地基

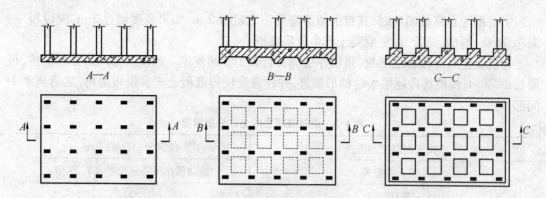

图 1.37　片筏式基础构造

上,建造 6 层及 6 层以下横墙较密集的民用建筑。墙下片筏基础通常为等厚度的钢筋混凝土平板。对地下水位以下的地下片筏基础,需要考虑混凝土的抗渗等级。

浇筑片筏基础的混凝土强度等级不应低于 C15。当有防水要求时,混凝土强度不应低于 C20,抗渗强度等级不低于 0.6 MPa,钢筋保护层厚度不宜小于 35 mm。

(2)片筏式基础施工。

1)基坑开挖时,如果地下水位较高,应采取人工降低地下水位法使地下水位下降到基坑底下不少于 500 mm,确保基坑在无水情况下进行土方开挖和基础施工。

2)片筏基础浇筑前,应清扫基坑、支设模板、铺设钢筋。木模板应浇水湿润,钢模板面要涂隔离剂。

3)混凝土浇筑方向需平行于次梁长度方向,对于平板式片筏基础则需平行于基础长边方向。

4)混凝土应一次浇灌完成,如果不能整体浇灌完成,则应留设施工缝,并用木板挡住。

施工缝设置位置:当平行于次梁长度方向浇筑时,应设置在次梁中部 1/3 跨度范围内;对平板式可设置在任何位置,但施工缝应平行于底板短边且不应在柱脚范围内,如图 1.38 所示。

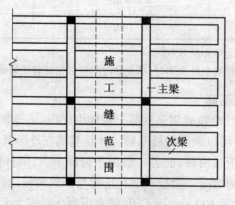

图 1.38　片筏式基础的施工缝留设

5)对于倒置式梁板式片筏基础,梁高出底板部分需分层浇筑,每层浇灌厚度不宜超过 200 mm。当底板上或梁上具有立柱时,混凝土应浇筑到柱脚顶面,留设水平施工缝,并预埋连接立柱的插筋。水平施工缝处理与垂直施工缝相同。

6)混凝土浇灌完毕,在基础表面应覆盖草帘和洒水养护,并不少于 7 d。等到混凝土强度达到设计强度的 25% 以上时,方可拆除梁的侧模。

7)当混凝土基础达到设计强度的 30% 时,可进行基坑回填。基坑回填应在四周同时进行,并按照基底排水方向由高到低分层进行。

讲 8:架空层及地下室施工

1. 架空层

为了减少建筑物沉降以及不均匀沉降,通过采用架空地板代替室内填土,或设置地下室或半地下室来降低建筑物自重是常采用的基础设计措施。

在南方地区,因为地下水位高、地面潮湿等,砌体结构工程曾流行采用首层架空地板的做法,但这种设计主要适用于预制楼面板,对现浇楼面施工则比较麻烦。

近年来,架空地板已经向两个方向发展,一是形成真正的架空层,即"仅有结构支撑而无外围护结构的开敞空间层",地面没有住宅一层,住宅在架空层上,不用围墙隔离防护,架空层内可以设置设备间、物业管理用房、会所、车库、游泳池等,或设置休闲空间。这在南方沿海城市比较流行,且主要应用在高层住宅建筑中。二是向地下室或半地下室方向发展。为了利于居民生活,节约用地,现在多层住宅楼一般在底部设半埋式的地下室,由于采光、通风以及使用方便等因素,此类地下室层高通常取 2.2~2.5 m,作为车库或杂物间应用,这在北方比较流行。

现在因为在住宅建设中预制楼板应用越来越少,所以早期的首层架空地板做法已不多见,大量的砌体结构工程均采用地下室或半地下室。

2. 地下室

(1)地下室的建筑及结构特点。地下室是建筑物中位于室外地面以下的房间,砌体结构工程一般可以设一层。部分高度在地面以下的房间,称为半地下室。

从建筑设计角度,目前砌体结构住宅工程常见的地下室的组合类型包括两种型式:一种是通廊式;一种是单元式。

1)通廊式地下室。通廊式地下室的入口设置在楼的两端,其优点是:入口直观,交通便利,通风良好,对楼梯间没有影响。缺点是:破坏了地下室部分横墙与上部横墙的对应关系,这些被截断的横墙上设置走廊梁过渡。

通廊式地下室通常与底框砌体结构工程配套,在结构处理上:地下室周边墙体一般按剪力墙设计,对有防水要求的多采用钢筋混凝土剪力墙,仅有防潮要求、上部荷载较小且面积不大的地下室或半地下室也可用砌体墙;中间支撑柱和地面底框柱对应;底板通常采用柱下条形钢筋混凝土基础加防水底板,也有直接应用筏板基础的;地下室顶板则通常为现浇钢筋混凝土梁板结构。

2)单元式地下室。单元式地下室和上部住宅单元对应,地下室横墙和上部横墙轴线对应,承重关系合理,入口设置在每个单元的楼梯间。但在通风和交通问题上不如通廊式。

单元式地下室一般与常规砌体结构住宅楼配套,在结构处理上:地下室周边及中间墙体通常与上部结构墙体对应,都采用砌体墙;但当地下水位较高、有防水要求时周边墙体则采用钢筋混凝土墙;底板一般采用墙下条形基础,可以是钢筋混凝土条基或砌体条基,具有防水要求时作防水底板;地下室顶板现在通常为现浇钢筋混凝土板。

（2）地下室的防潮与防水。地下室的侧墙和底板处于地面以下,时常受到下渗的地面水、土层中的潮气及地下水的侵蚀。所以防潮、防水是地下室施工中必须注意的重要问题。

1）地下室防潮。当最高地下水位低于地下室地坪且无滞水可能时,地下水不会直接侵入地下室,地下室外墙及底板只受到土层中潮气的影响,此时,一般只做防潮处理。其构造是在地下室外墙外面布置防潮层。具体做法是:在外墙外侧先抹20 mm厚1:2.5水泥砂浆(高出散水300 mm以上),然后涂冷底子油一道及热沥青两道至散水底(现在大都做涂膜防水),最后在其外侧回填隔水层。北方多用2:8灰土,南方多用炉渣,其宽度不少于500 mm。同时,再在地下室顶板与底板中间位置设置水平防潮层,使整个地下室防潮层连成整体,以达到防潮目的(图1.39)。

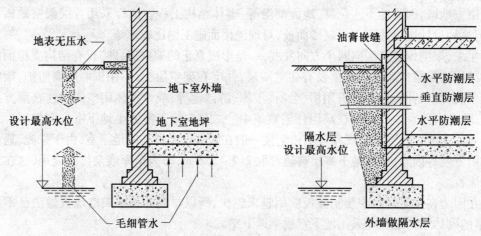

图1.39　地下室防潮构造

2）地下室的防水。当最高地下水位高于地下室地坪时,地下室的外墙与地坪都浸泡在水中。此时,地下室外墙受到地下水的侧压力,地坪受到地下水的浮力影响。所以,必须考虑对地下室外墙和地坪做防水处理。

砌体结构工程的地下室大多采用附加柔性防水措施。柔性防水以卷材防水应用最多。卷材防水根据防水层铺贴位置的不同,又有外防水(又称外包防水)与内防水之分。外防水是将防水层贴在迎水面,即地下室外墙的外表面,这对防水比较有利,缺点是维修困难。内防水是将防水层贴在背水的一面,即地下室墙身的内表面,施工方便,便于维修,但对防水不太有利,因此多用于修缮工程(图1.40)。

当地下室采用卷材防水层时,防水卷材的层数需根据地下水的最大水头选用。

至于地下室地坪结构的水平防水处理,通常是在地基上先浇筑混凝土垫层,其上做卷材防水层,并在外墙部位留槎;然后在防水层上抹20 mm厚1:3水泥砂浆;最后做钢筋混凝土结构层。

3.混凝土结构地下室的施工

（1）施工程序。

场地平整→定位放线→基坑土方开挖→地基验槽→垫层施工→抄平放线(恢复轴线)→防水层施工(防水保护层施工)→绑柱基、梁式筏板筋→止水钢板安装及埋件埋设→浇柱基、梁式筏板混凝土→养护→弹线放样→绑柱、墙筋→埋件埋设→安柱、墙、梁板模→浇柱、墙混凝土→绑梁板筋→埋件埋设→浇梁板混凝土→养护→拆地下室外墙模→20厚1:2.5水泥

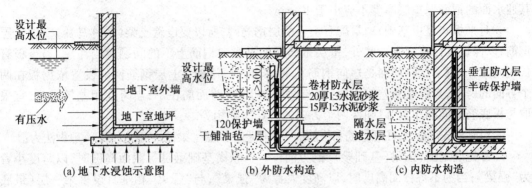

图 1.40 地下室防水构造

砂浆找平层→地下室外墙面防水涂料施工→20 厚 1∶2 水泥砂浆保护层、砖保护层施工→水泥砂浆面层施工→回填土施工。

（2）地下室基础及底板（筏板）的施工要点。

1）模板工程。平板式筏板的模板比较简单，只需在周边支设即可，一般采用砖砌胎模。

顶平梁板式筏板（高板位），因为梁高出的部分在板下，所以梁模板只能采用砌筑砖胎膜。

底平梁板式筏板（低板位），则因为梁高出的部分在板上，所以只能采用竹胶板、组合钢模等进行支设。

地下室底板与外墙的接头水平施工缝留在高出底板表面不少于 200 mm 的墙体上，墙体如有孔洞，施工缝距孔洞边缘不应少于 300 mm，有防水要求的地下室，施工缝形式宜采用凸缝（墙厚大于 30 cm）或阶梯缝、平直缝加金属止水片（墙厚小于 30 cm），施工缝最好做企口缝并用 B.W 止水条处理，其支模如图 1.41 所示。

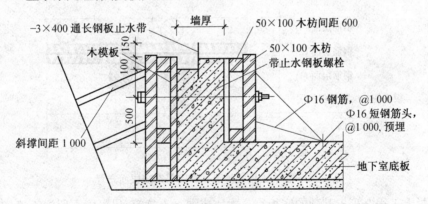

图 1.41 地下室底板及侧墙吊模支模示意图

2）钢筋工程。筏板基础的钢筋绑扎中需注意：

①上部钢筋混凝土柱、墙的插筋不得遗漏，其锚固长度需符合规范要求。且要注意：

a. 基础梁是上部柱、墙的支座，所以，柱、墙的竖向插筋应设置在基础梁角部受力主筋的内侧。

b. 柱子基础部位，锚固在梁里的部位最少要加两道定位的箍筋，其作用是避免浇灌混凝土时柱纵筋偏离，所以需要一个 2 肢箍箍住所有的柱筋予以定位。

②防水混凝土筏板的迎水面钢筋的保护层厚度不应小于 50 mm，非防水混凝土的筏板，

其迎水面的钢筋保护层厚度不应小于 40 mm。

　　③对平板式筏板基础,通常配有上下两层钢筋网,所以要设置支架(俗称马凳)支撑上层钢筋,以保证其计算高度。此外,每层钢筋网的纵横向钢筋上下的问题应当注意,当筏板有长短向时,一般下层钢筋网是短向钢筋在下、长向钢筋在上;上层钢筋网的设置依据板在两个方向的跨度,当跨度相差较大时,短跨面筋在上,长跨面筋在下;当跨度相差较小时,宜采取与板底筋相同的布置,以确保两个方向的计算高度相等。

　　④对梁板式筏板,要注意梁筋和板筋的重叠问题。以底平梁板式筏板为例,一般做法为:

　　a. 首先确定出"强梁(基础梁)"的方向——当纵横基础梁是等截面高度时,以跨度小者为"强梁";当为不等截面高度时,以高度大者为"强梁",与"强梁"相垂直设置第一层(最底层)板筋。

　　b. 在第一层板筋之上、并与其垂直设置"强梁"的下部纵筋,并且在"强梁"的两侧相距50 mm 开始设置与"强梁"平行的第二层板筋,("强梁"的箍筋和第一层板筋在同一层面,插空设置)。

　　c. 然后,再在其上设置另一方向梁(非"强梁")的底层纵筋。

　　d. 显然,最下层的基础梁下部纵筋的下面,有而且只有一层板筋。实际施工中,某些施工人员,把筏板的下层钢筋网(纵横钢筋)绑扎好以后,再把另外绑扎好的基础主梁的钢筋笼子放在上面,这样的施工方法似乎非常方便,但使得基础主梁下部纵筋的下面多塞进一根基础板(与梁平行的)钢筋,抬高了基础主梁的下部纵筋,减小了基础主梁的"有效高度",降低了整个结构的安全性,是不可取的做法。

　　底平梁板式筏形基础底部钢筋层面布置如图 1.42 所示。

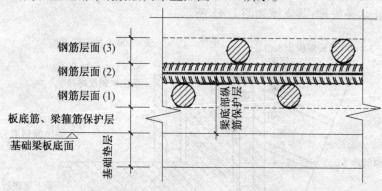

图 1.42　底平梁板式筏形基础底部钢筋层面布置

　　3)混凝土工程。筏板基础的底板宜一次完成混凝土浇筑,尽可能不留施工缝。

　　对底平梁板式筏板(低板位),因为梁高出的部分在板上,模板一般为吊模支设,所以混凝土浇筑要分次进行,即先浇筑底板混凝土,等到底板混凝土基本初凝,浇筑梁部位混凝土时不至于从吊模下溢出时,再浇筑梁部位混凝土。

　　防水混凝土需执行防水混凝土施工的相关规定。

　　(3)地下室墙体施工要点。

　　1)模板支设。墙体模板的支设应依据实际情况,可以采用组合钢模板、竹胶板、大模板双面支模;也有外侧采用砖胎膜、内侧用模板的单面支模方案,这种支模方案因为不能设置对拉螺栓,所以保证内侧单面模板支设的正确位置及刚度,确保不胀模,是其应注意的问题。

图 1.43 为某工程地下室外墙支模示意图。

2)钢筋绑扎。地下室外墙的钢筋绑扎值得注意的问题是钢筋混凝土保护层厚度与竖向钢筋和水平钢筋的相对位置。

若地下室外墙是有防水要求的防水混凝土,则《地下工程防水技术规范》(GB 50108—2008)规定最小保护层厚度应是 50 mm,实际施工中因为 50 mm 厚的素混凝土保护层容易开裂,所以作为施工技术措施还得在保护层内加设钢丝网片。

对非防水混凝土的没有防水要求的一般地下室外墙,则可按《混凝土结构设计规范》(GB 50010—2010)三类环境外墙最小保护层厚度 30 mm 取值。

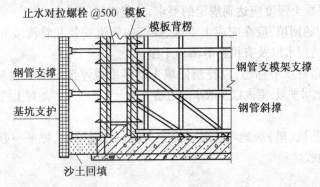

图 1.43 地下室外墙模支模示意图

3)混凝土浇筑。防水混凝土应当执行相应的规范要求,普通砌体结构工程的地下室一般不会有后浇带、加强带等施工措施,所以,混凝土浇筑应当连续进行,不留纵向施工缝。

地下室顶板和墙体可以一次支模、一次浇筑完成,但浇筑时必须先浇筑墙体,等墙体混凝土全部完成后,再进行顶板浇筑,否则,混凝土的流向无法控制,可能在一处浇筑时,混凝土已经流到十几米之远,等浇筑到那里时,混凝土可能初凝已过,造成质量隐患。

对于墙体采用防水混凝土、顶板采用非防水混凝土的场合,宜将墙、板混凝土分两次浇筑,以确保不同特性的混凝土的成型收缩,同时方便墙体防水混凝土的浇水养护。

4)其他施工。地下室内部中间柱和顶板的施工与普通框架结构的施工工艺相同。

当地下水位较高时,地下室施工要注意抗浮问题,通常,在底板以上的结构自重荷载还小于地下水的浮力时,不得因为地下室底板和墙板已经完成施工而停止人工降水。

4. 砌体结构地下室的施工

砌体结构地下室指竖向承重结构为砌体墙的地下室,通常为多层住宅楼下的单元式地下室。

(1)基础及底板。当地下水位较低、地下室仅需作防潮处理时,一般构造型式多为墙下条基,房心填土夯实再做地坪。对于地下水位较高、有防水要求时,如采用墙下钢筋混凝土条基结合防水底板的设计,其施工与梁板式筏基大致相同。

(2)墙体。砌体结构地下室外墙只作防潮处理时,可以为砌体墙(附加防潮层),但要注意的是,地下室外墙(室外地面以下)的用砖需与地下基础相同,不宜采用多孔砖,因为多孔砖用于室外地面以下,由于±0.000 下的湿度变化、水的化学浸蚀,以及自然风化等因素,均可能对多孔砖壁造成破坏,进而造成地下部分破坏,势必影响结构安全。若必须用多孔砖或空心混凝土小砌块砌筑地下室外墙时,其孔洞应用水泥砂浆灌实。对于混凝土小型空心砌块砌体,其孔洞灌芯混凝土应采用具有高流动度、低收缩性能的专用灌孔混凝土,强度不能低于Cb20。

鉴于相同的原因,地下室外墙的砌筑砂浆也应该用水泥砂浆而不应采用混合砂浆。

（3）顶板。砌体结构地下室的顶板可以为现浇板或预制（空心）板,其施工程序、施工工艺分别与现浇楼面和预制楼面的施工一样。

5. 基础回填土施工

（1）回填土作业条件。

1）回填前需对基础、地下室外墙及地下防水层、保护层等进行检查验收,并且要办好隐检手续。其基础混凝土强度应达到规定的要求,才能进行回填土。

2）房心与管沟的回填,应在完成上下水、煤气的管道安装和管沟墙间加固之后再进行。并将沟槽、地坪上的积水以及有机物等清理干净。

3）施工前,应做好水平标志,以控制回填土的高度或厚度。例如在基坑（槽）或管沟边坡上,每隔3 m钉上水平板;室内以及散水的边墙上弹上水平线或在地坪上钉上标高控制木桩。

（2）操作工艺。

1）工艺流程:基坑（槽）底地坪清理→检验土质→分层铺土、耙平→夯打密实、检验密实度→修整找平→验收。

2）工艺要点。

①填土前应将基坑（槽）底或地坪上的垃圾等杂物清除干净;基槽回填前,必须清理到基础底面标高,将回落的松散垃圾、砂浆、石子等杂物清理干净。

②检验回填土的质量有无杂物,粒径是否满足规定,以及回填土的含水量是否在控制的范围内;如果含水量偏高,可采用翻松、晾晒或均匀掺入干土等措施;如果遇回填土的含水量偏低,可采用预先洒水润湿等措施。

③回填土应分层铺摊。每层铺土厚度应根据土质、密实度要求以及机具性能确定。一般蛙式打夯机每层铺土厚度为200~250 mm;人工打夯不大于200 mm。每层铺摊后,及时耙平。

④回填土每层至少夯打三遍。打夯应一夯压半夯,夯夯相接,行行相连,纵横交叉。并且禁止采用水浇,使土下沉的所谓"水夯法"。

⑤深浅两基坑（槽）相连时,应先填夯深基础;填到浅基坑相同的标高时,再与浅基础一同填夯。如必须分段填夯时,交接处应填成阶梯形,梯形的高宽比通常为1:2。上下层错缝距离不小于1.0 m。

⑥基坑（槽）回填应在相对两侧或四周同时进行。基础墙两侧标高不能相差太多,避免把墙挤歪;较长的管沟墙,应采取内部加支撑的措施,然后再在外侧回填土方。

⑦回填房心和管沟时,为防止管道中心线位移或损坏管道,应通过人工先在管子两侧填土夯实;并应由管道两侧同时进行,直到管顶0.5 m以上时,在不损坏管道的情况下,才能采用蛙式打夯机夯实。在抹带接口处,防腐绝缘层或电缆周围,应回填细粒料。

⑧回填土每层填土夯实后,应按照规范规定进行环刀取样,测出干土的质量密度;达到要求后,再进行上一层的铺土。

⑨修整找平。填土全部完成后,需进行表面拉线找平,凡超过标准高程的地方,立即依线铲平;凡低于标准高程的地方,需要补土夯实。

2 砖砌体工程施工细部做法

2.1 砌筑用砖的现场组砌

讲9:砌砖工艺流程

1. 选砖

砌筑过程中必须学会选砖,尤其是砌清水墙面。

砌筑时,拿一块砖在手中,用手掌托起,将砖在手掌上旋转(俗称滑砖)或上下翻转,在转动中查看哪一面完整无损。有经验者在取砖时,挑选第一块砖的同时就能选出第二块砖,做到"执一备二眼观三",动作轻巧自如、得心应手,这样选出的砖才能砌出整齐美观的墙面。当砌清水墙时,应用规格一致、颜色相同的砖,把方整光滑、不弯曲和不缺棱掉角的砖面放在外面,砌出的墙才能颜色和灰缝一致。所以,必须练好选砖的基本功,才能保证砌筑墙体的质量。

2. 砍砖

在砌筑时,需要打砍加工的砖,按其尺寸不同可分为"七分头"、"半砖"、"二寸条"、"二寸头",如图2.1所示。

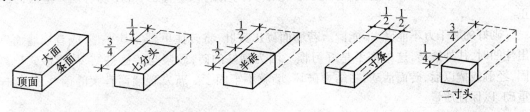

图 2.1 砍砖

3. 放砖

砌入墙内的砖,由于摆放位置不同,可以分为卧砖(也称顺砖或眠砖)、陡砖(也称侧砖)、立砖以及顶砖,如图2.2所示。

砖与砖之间的缝统称灰缝。水平方向的缝称为水平缝或卧缝;垂直方向的缝称为立缝(又称头缝)。

在实际操作中,运用砖在墙体上的位置变换排列,有各种叠砌方法。

砌在墙上的砖必须放平。往墙上按砖时,砖必须均匀水平地按下,不能一边高一边低,造成砖面倾斜。若养成这种不好的习惯,砌出的墙会向外倾斜(俗称往外张或冲)或向内倾斜(俗称向里背或眠)。也有的墙虽然垂直,但是因每皮砖放不平,每层砖出现一点马蹄棱,形成鱼鳞墙,不仅使墙面不美观,而且影响砌体强度。

4. 跟线穿墙

砌砖必须跟着准线走,俗语叫"上跟线,下跟棱,左右相跟要对平"。即砌砖时,砖的上棱

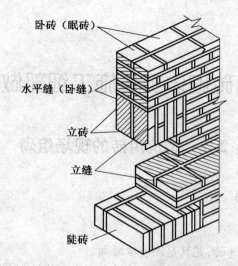

图2.2　卧砖、陡砖、立砖示意图

边要与线约离1 mm,下棱边要与下层已砌好的砖棱对平,左右前后位置要准。当砌完每皮砖时,看墙面是否平直,有无高出、低注、拱出或拱进准线的现象,有了偏差应及时纠正。

不但要跟线,还要做到用眼"穿墙"。即从上面第一块砖往下穿看,穿到底,每层砖都要在同一平面上,若有出入,应及时纠正。

5. 自检

在砌筑中,要随时随地进行自检。一般砌三层砖用线锤吊大角看直不直,五层砖用靠尺靠一靠墙面垂直平整度,该方法称为"三层一吊,五层一靠"。当墙砌起一步架时,要用托线板全面检查垂直度以及平整度,特别要注意墙大角要绝对垂直平整,发现有偏差应及时纠正。

砌好的墙千万不能砸、不能撬。若墙面砌出鼓肚,将砖往里砸使其平整;或者当墙面砌出洼凹时,往外撬砖,这些都不是好习惯。因为砌好的砖,砂浆与砖已黏结,甚至砂浆已凝固,经砸或撬以后,砖面活动,黏结力破坏,墙就不牢固了。若发现墙面有大的偏差,应拆掉重砌,以保证质量。

6. 留脚手眼

砖墙砌到一定高度时,需要设立脚手架。当使用单排立杆架子时,它的排木的一端就要支放在砖墙上。为了放置排木,砌砖时就要预留出脚手眼。通常在1 m高处开始留,间距1 m左右一个。脚手眼孔洞如图2.3所示。采用铁排木时,在砖墙上留一顶头的大小孔洞即可,不必留大孔洞。脚手眼的位置不能随便乱留,必须符合质量要求中的规定。

7. 留施工洞口

在施工中经常会遇到管道通过的洞口和施工用洞口。这些洞口必须按照尺寸和部位进行预留,不允许砌完砖后再凿墙开洞。凿墙开洞会震动墙身,影响砖的强度和整体性。

大的施工洞口必须留在不重要的部位:例如窗台下的墙可暂时不砌,作为内外通道用;或在山墙(无门窗的山墙)中部预留洞口,其形式是高度不大于2 m,下口宽1.2 m左右,上头呈尖顶形式,才不致影响墙的受力。

8. 浇砖

在常温天气施工时,使用的黏土砖必须在砌筑前一两天浇水浸湿,通常以水浸入砖的四

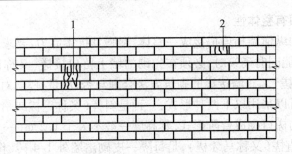

图 2.3　脚手眼孔洞
1—木排木脚手眼;2—铁排木脚手眼

边 1 cm 左右为宜。不要当时用当时浇,更不能在架子上以及地槽边浇砖,以防止造成塌方或架子因质量增加而沉陷。

浇砖是砌好砖的重要一环。若用干砖砌墙,砂浆中的水分会被干砖全部吸去,使砂浆失水过多,这样既不易操作,又不能保证水泥硬化所需的水分,还会影响砂浆强度的增长。这样对整个砌体的强度和整体性都不利。反之,若把砖浇得过湿或当时浇砖当时砌墙,表面的水分还未能吸进砖内,这时砖表面水分过多,就形成一层水膜,这些水在砖与砂浆黏结时,反使砂浆增加水分,导致其流动性变大。这样,砖的质量通常容易把灰缝压薄,使砖面总是低于挂的小线,造成操作困难,严重时会导致砌体变形。此外,稀砂浆也容易流淌到墙面上,弄脏墙面。所以,以上这两种情况对砌筑质量都不能起到积极作用,必须避免。

浇砖还能把砖表面的粉尘和泥土冲干净,对砌筑质量有利。砌筑灰砂砖时,可在现场适当洒水后再砌筑。冬期施工由于浇水砖会发生冰冻,并且在砖表面结成冰膜,不能与砂浆很好结合。此外,冬期水分蒸发量也小,所以冬期施工不要浇砖。

讲 10:砖砌体的组砌要求

砖砌体的组砌,要求上下错缝,内外搭接,以保证砌体的整体性和稳定性。同时,组砌要有规律,少砍砖,以提高砌筑效率,节约材料。组砌方式必须遵循以下三个原则:

1.砌体必须错缝

砖砌体是由一块一块的砖,利用砂浆作为填缝和黏结材料,组砌成墙体和柱子。为避免砌体出现连续的垂直通缝,保证砌体的整体强度,必须上下错缝,内外搭砌,并且要求砖块最少应错缝 1/4 砖长,而且不小于 60 mm。在墙体两端采用"七分头"、"二寸条"来调整错缝,如图 2.4 所示。

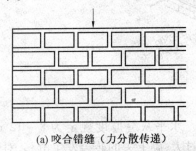 

(a) 咬合错缝（力分散传递）　　　　　　(b) 不咬合（砌体压散）

图 2.4　砖砌体的错缝

2. 墙体连接必须有整体性

为了使建筑物的纵横墙相连搭接成一整体,增强其抗震能力,要求墙的转角和连接处要尽量同时砌筑;若不能同时砌筑时,必须在先砌的墙上留出接槎(又称留槎),后砌的墙体要镶入接槎内(又称咬槎)。砖墙接槎的砌筑方法合理与否、质量好坏,对建筑物的整体性影响很大。正常的接槎可以采用以下两种形式:一种是斜槎(又称退槎或踏步槎),方法是在墙体连接处将待接砌墙的槎口砌成台阶形式,其高度一般不大于 1.2 m(一步架),长度不少于高度的 2/3;另一种是直槎(又称马牙槎),是每隔一皮砌出墙外 1/4 砖,作为接槎之用,并且沿高度每隔 500 mm 加 2φ6 拉结钢筋,每边伸入墙内不宜小于 50 cm。斜槎的做法如图 2.5 所示,直槎的做法如图 2.6 所示。

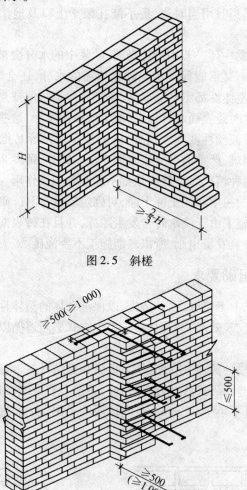

图 2.5　斜槎

图 2.6　直槎

3. 控制水平灰缝厚度

砌体水平方向的灰缝称为水平缝或卧缝。水平灰缝厚度规定为 8 ~ 12 mm,一般为 10 mm。若水平灰缝太厚,会使砌体的压缩变形过大,砌上去的砖会发生滑移,对墙体的稳定性不利;水平灰缝太薄则不能保证砂浆的饱满度和均匀性,对墙体的黏结、整体性产生不利影响。砌筑时,在墙体两端和中部架设皮数杆和拉通线来控制水平灰缝厚度,同时要求砂浆的饱满程度不应低于 80%。

讲 11：矩形砖柱的组砌

砖柱一般分为矩形、圆形、正多角形和异型等几种。矩形砖柱分为独立柱和附墙柱两类；圆形砖柱和正多角形砖柱通常为独立柱；异型砖柱较少，现在通常由钢筋混凝土柱代替。

普通矩形砖柱截面尺寸不应小于 240 mm×365 mm。

（1）240 mm×365 mm 砖柱组砌：只用整砖左右转换叠砌，但是砖柱中间始终存在一道长 130 mm 的垂直通缝，在一定程度上削弱了砖柱的整体性，这是一道无法避免的竖向通缝；若要承受较大荷载时，每隔数皮砖可在水平灰缝中放置钢筋网片。图 2.7 所示为 240 mm×365 mm 砖柱的分皮砌法。

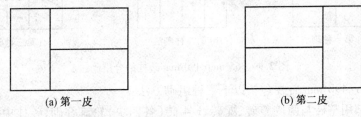

(a) 第一皮　　　　　　　　　　(b) 第二皮

图 2.7　240 mm×365 mm 砖柱的分皮砌法

（2）365 mm×365 mm 砖柱包括以下两种组砌方法：

1）每皮中采用三块整砖与两块配砖组砌，但砖柱中间有两条长 130 mm 的竖向通缝。

2）每皮中均用配砖砌筑，若配砖用整砖砍成，则费工费料。

图 2.8 所示为 365 mm×365 mm 砖柱的两种组砌方法。

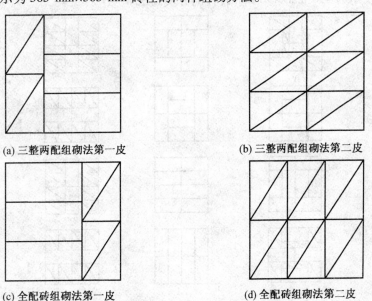

(a) 三整两配组砌法第一皮　　　　　(b) 三整两配组砌法第二皮

(c) 全配砖组砌法第一皮　　　　　　(d) 全配砖组砌法第二皮

图 2.8　365 mm×365 mm 砖柱的分皮砌法

（3）365 mm×490 mm 砖柱包括以下三种组砌方法：

1）隔皮用 4 块配砖，其他都用整砖，但是砖柱中间有两道长 250 mm 的竖向通缝。

2）每皮中用 4 块整砖、两块配砖与一块半砖组砌，但是砖柱中间有三道长 130 mm 的竖向通缝。

3)隔皮用一块整砖和一块半砖,其他都用配砖,平均每两皮砖用七块配砖,若配砖用整砖砍成,则费工费料。

图2.9所示为365 mm×490 mm砖柱的三种分皮砌法。

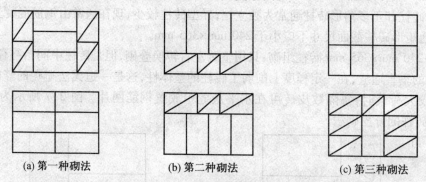

(a)第一种砌法　　　(b)第二种砌法　　　(c)第三种砌法

图2.9　365 mm×490 mm砖柱的分皮砌法

(4)490 mm×490 mm砖柱包括以下三种组砌方法:

1)两皮全部用整砖与两皮整砖、配砖、1/4砖(各四块)轮流叠砌,砖柱中间有一定数量的通缝,但是每隔一两皮便进行拉结,使之有效地避免竖向通缝的产生。

2)全部由整砖叠砌,砖柱中间每隔三皮竖向通缝才有一皮砖进行拉结。

3)每皮砖均用八块配砖与两块整砖砌筑,无任何内外通缝,但是配砖太多,若配砖用整砖砍成,则费工费料。

图2.10所示为490 mm×490 mm砖柱的分皮砌法。

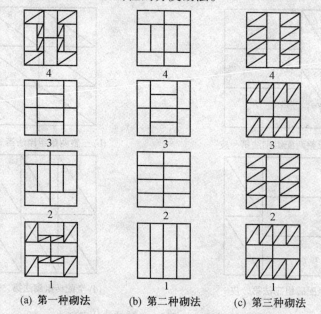

(a)第一种砌法　　　(b)第二种砌法　　　(c)第三种砌法

图2.10　490 mm×490 mm砖柱的分皮砌法

(5)365 mm×490 mm砖柱组砌,通常可采用图2.11所示的分皮砌法。每皮中都要采用整砖与配砖,隔皮还要用半砖,半砖每砌一皮后,与相邻丁砖交换一下位置。

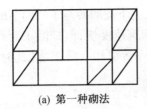 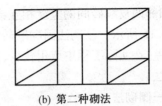

(a) 第一种砌法　　　　　　　　(b) 第二种砌法

图 2.11　365 mm×490 mm 砖柱的分皮砌法

（6）490 mm×615 mm 砖柱组砌,通常可采用图 2.12 所示的分皮砌法。砖柱中间存在两条长 60 mm 的竖向通缝。

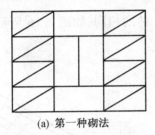 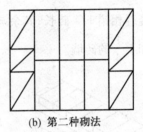

(a) 第一种砌法　　　　　　　　(b) 第二种砌法

图 2.12　490 mm×615 mm 砖柱的分皮砌法

讲 12：单片墙的组砌

1.一顺一丁砌法

一顺一丁砌法,又称满丁满条砌法。该砌法的第一皮排顺砖,第二皮排丁砖,不仅操作方便,施工效率高,还能保证搭接错缝,是一种常见的排砖形式,如图 2.13 所示。一顺一丁砌法根据墙面形式的不同可以分为"十字缝"和"骑马缝",两者的区别仅在于顺砌时条砖是否对齐。

2.梅花丁

梅花丁砌法是一面墙的每一皮中均采用丁砖与顺砖左右间隔砌成,每一块丁砖均在上下两块顺砖长度的中心,上下皮竖缝相错 1/4 砖长,如图 2.14 所示。该砌法灰缝整齐,外表美观,结构的整体性好,但是砌筑效率较低,适合于砌筑一砖或一砖半的清水墙。当砖的规格偏差较大时,采用梅花丁砌法有利于减少墙面的不整齐性。

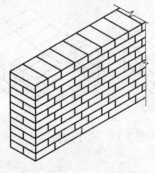 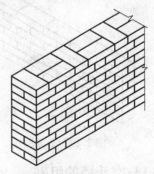

图 2.13　一顺一丁砌法　　　　　　　　图 2.14　梅花丁砌法

3.三顺一丁砌法

三顺一丁砌法是一面墙的连续用三皮中全部采用顺砖与一皮中全部采用丁砖上下间隔

砌成,上下相邻两皮顺砖间的竖缝相互错开 1/2 砖长,上下皮顺砖与丁砖间竖缝相互错开 1/4 砖长,如图 2.15 所示。该砌法因砌顺砖较多,所以砌筑速度快,但是因丁砖拉结较少,结构的整体性较差,在实际工程中应用较少,适合于砌筑一砖墙和一砖半墙(此时墙的另一面为一顺三丁砌法)。

4. 两平一侧砌法

两平一侧砌法是一面墙连续用两皮平砌砖与一皮侧立砌的顺砖上下间隔砌成。当墙厚为 3/4 砖时,平砌砖均为顺砖,上下皮平砌顺砖的竖缝相互错开 1/2 砖长,上下皮平砌顺砖与侧砌顺砖的竖缝相错 1/2 砖长;当墙厚为砖的 $1\frac{1}{4}$ 厚时,只上下皮平砌丁砖与平砌顺砖或侧砌顺砖的竖缝相错 1/4 砖长,其余与墙厚为 3/4 砖的相同,如图 2.16 所示。该砌法只适用于 3/4 砖和 $1\frac{1}{4}$ 的砖墙。

图 2.15　三顺一丁砌法

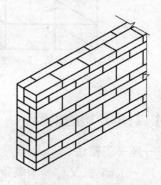

图 2.16　两平一侧砌法

5. 全顺砌法

全顺砌法是一面墙的各皮砖均为顺砖,上下皮竖缝相错 1/2 砖长(图 2.17)。该砌法仅适用于半砖墙。

6. 全丁砌法

全丁砌法是一面墙的每皮砖均为丁砖,上下皮竖缝相错 1/4 砖长,该砌法适用于砌筑一砖、一砖半、两砖的圆弧形墙,烟囱筒身和圆井圈等,如图 2.18 所示。

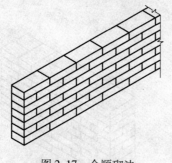

图 2.17　全顺砌法

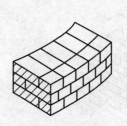

图 2.18　全丁砌法

讲 13:空斗墙的组砌

1. 空斗墙的组砌

空斗墙的组砌方法包括以下几种(图 2.19):

1)无眠空斗,是全部由侧立丁砖和侧立顺砖砌成的斗砖层构成,无平卧丁砌的眠砖层。空斗墙中的侧立丁砖也可以每次只砌2块。

2)一眠一斗,是由一皮平卧的眠砖层和一皮侧砌的斗砖层上下间隔砌成的。

3)一眠二斗,是由一皮眠砖层和两皮连续的斗砖层相间砌成的。

4)一眠三斗,是由一皮眠砖层和三皮连续的斗砖层相间砌成的。

无论采用哪一种组砌方法,空斗墙中每一皮斗砖层每隔一块侧砌顺砖必须侧砌一块或两块丁砖,相邻两皮砖之间均不得有连通的竖缝。

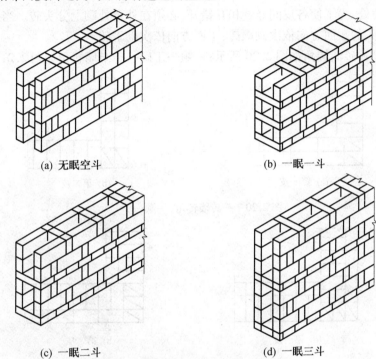

(a) 无眠空斗   (b) 一眠一斗

(c) 一眠二斗   (d) 一眠三斗

图2.19 空斗墙组砌形式

2. 空斗墙应用眠砖或丁砖砌成实心砌体的部位

空斗墙一般用水泥混合砂浆或石灰砂浆砌筑。在有眠空斗墙中,眠砖层与丁砖层接触处以及丁砖层与眠砖层接触处,除两端外,其余部分不应填塞砂浆。空斗墙的水平灰缝厚度和竖向灰缝宽度一般为10 mm,但是不应小于8 mm,也不应大于12 mm。空斗墙中留置的洞口,必须在砌筑时留出,严禁砌完后再行砍凿。

空斗墙在下列部位应用眠砖或丁砖砌成实心砌体:

(1)墙的转角处和交接处。

(2)室内地坪以下的全部砌体。

(3)室内地坪和楼板面上要求砌三皮实心砖。

(4)三层房屋的外墙底层的窗台标高以下部分。

(5)楼板、圈梁、格栅和檩条等支撑面下三至四皮砖的通长部分,并且砂浆的强度等级不低于M2.5。

(6)梁和屋架支撑处按设计要求的部分。

（7）壁柱和洞口两侧24 cm范围内。

（8）楼梯间的墙、防火墙、挑檐以及烟道和管道较多的墙及预埋件处。

（9）做框架填充墙时，与框架拉结筋的连接宽度内。

（10）屋檐和山墙压顶下的两皮砖部分。

讲14：砖砌体转角及交接处的组砌

1. 砖砌体转角的组砌方法

砖墙的转角处，为了使各皮间竖缝相互错开，必须在外角处砌七分头砖。当采用一顺一丁组砌时，七分头的顺面方向依次砌顺砖，丁面方向依次砌丁砖。

一顺一丁砌一砖墙转角如图2.20所示；一顺一丁砌一砖半墙转角如图2.21所示。

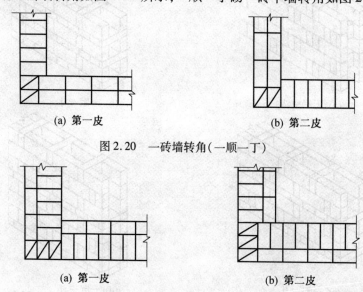

(a) 第一皮　　　　　　　　　　(b) 第二皮

图2.20　一砖墙转角（一顺一丁）

(a) 第一皮　　　　　　　　　　(b) 第二皮

图2.21　一砖半墙转角（一顺一丁）

当采用梅花丁组砌时，在外角仅砌一块七分头砖，七分头砖的顺面相邻砌丁砖，丁面相邻砌顺砖。

梅花丁砌一砖墙转角如图2.22所示；梅花丁砌一砖半墙转角如图2.23所示。

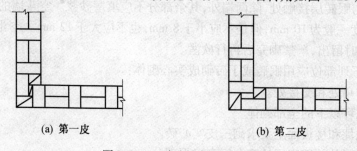

(a) 第一皮　　　　　　　　　　(b) 第二皮

图2.22　一砖墙转角（梅花丁）

2. 砖砌体交接处的组砌方法

在砖墙的丁字交接处，应分皮相互砌通，内角相交处竖缝应错开1/4砖长，并且在横墙端头处加砌七分头砖。

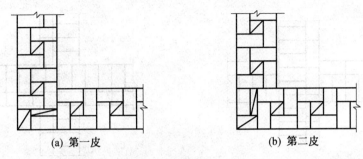

(a) 第一皮   (b) 第二皮

图 2.23 一砖半墙转角(梅花丁)

一顺一丁砌一砖墙丁字交接处如图 2.24 所示;一顺一丁砌一砖半墙丁字交接处如图 2.25 所示。

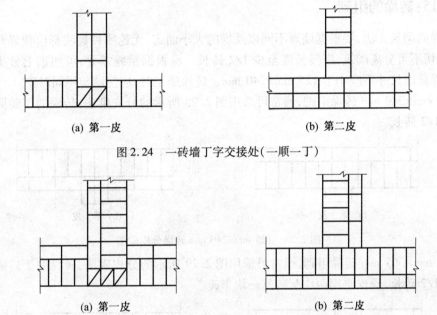

(a) 第一皮   (b) 第二皮

图 2.24 一砖墙丁字交接处(一顺一丁)

(a) 第一皮   (b) 第二皮

图 2.25 一砖半墙丁字交接处(一顺一丁)

砖墙的十字交接处,应分皮相互砌通,交角处的竖缝相互错开 1/4 砖长。

一顺一丁砌一砖墙十字交接处如图 2.26 所示;一顺一丁砌一砖半墙十字交接处如图 2.27 所示。

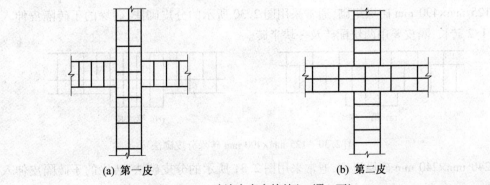

(a) 第一皮   (b) 第二皮

图 2.26 一砖墙十字交接处(一顺一丁)

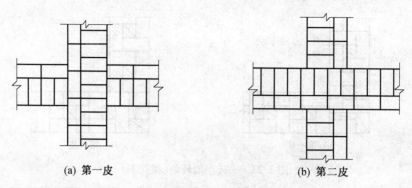

(a) 第一皮　　　　　　　　　(b) 第二皮

图 2.27　一砖半墙十字交接处(一顺一丁)

讲 15:砖垛的组砌

砖垛的砌筑方法,要根据墙厚不同以及垛的大小而定,无论哪种砌法都应使垛与墙身逐皮搭接,切不可分离砌筑,搭接长度至少 1/2 砖长。垛根据错缝需要,可加砌七分头砖或半砖。砖垛截面尺寸不应小于 125 mm×240 mm。砖垛施工时,应使墙与垛同时砌。

125 mm×240 mm 砖垛组砌,通常可采用图 2.28 所示的分皮砌法,砖垛的丁砖隔皮伸入砖墙内 1/2 砖长。

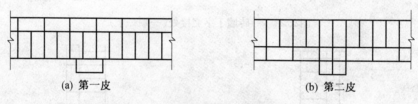

(a) 第一皮　　　　　　　　　(b) 第二皮

图 2.28　125 mm×240 mm 砖垛分皮砌法

125 mm×365 mm 砖垛组砌,通常可采用图 2.29 所示的分皮砌法,砖垛的丁砖隔皮伸入砖墙内 1/2 砖长,隔皮要用两块配砖及一块半砖。

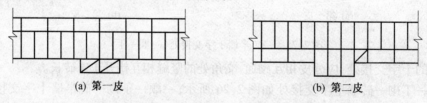

(a) 第一皮　　　　　　　　　(b) 第二皮

图 2.29　125 mm×365 mm 砖垛分皮砌法

125 mm×490 mm 砖垛组砌,通常采用图 2.30 所示的分皮砌法,砖垛的丁砖隔皮伸入砖墙内 1/2 砖长,隔皮要用两块配砖及一块半砖。

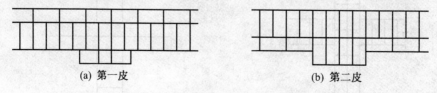

(a) 第一皮　　　　　　　　　(b) 第二皮

图 2.30　125 mm×490 mm 砖垛分皮砌法

240 mm×240 mm 砖垛组砌,通常采用图 2.31 所示的分皮砌法,砖垛的丁砖隔皮伸入砖墙内 1/2 砖长,不用配砖。

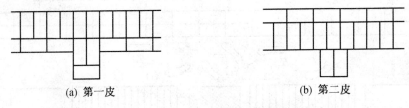

(a) 第一皮　　　　　　　　　　(b) 第二皮

图 2.31　240 mm×240 mm 砖垛分皮砌法

　　240 mm×365 mm 砖垛组砌,通常采用图 2.32 所示的分皮砌法。砖垛丁砖隔皮伸入砖墙内 1/2 砖长,隔皮要用两块配砖。砖垛内有两道长 120 mm 的竖向通缝。

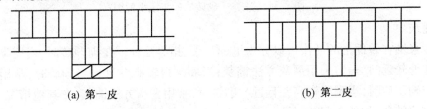

(a) 第一皮　　　　　　　　　　(b) 第二皮

图 2.32　240 mm×365 mm 砖垛分皮砌法

　　240 mm×490 mm 砖垛组砌,通常采用图 2.33 所示的分皮砌法。砖垛丁砖隔皮伸入砖墙内 1/2 砖长,隔皮要用两块配砖及一块半砖。砖垛内有三道长 120 mm 的竖向通缝。

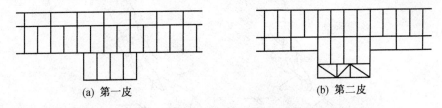

(a) 第一皮　　　　　　　　　　(b) 第二皮

图 2.33　240 mm×490 mm 砖垛分皮砌法

2.2　砖砌体的砌筑方法

讲 16:"三一"砌砖法

　　"三一"砌砖法的基本操作为"一铲灰、一块砖、一挤揉"。

1.步法

　　操作时人应顺墙体斜站,左脚在前,离墙约 15 cm,右脚在后,距墙及左脚跟 30～40 cm。砌筑方向是由前往后退着走,这样操作可以随时检查已砌好的砖是否平直。砌完 3～4 块砖后,左脚后退一大步(约 70～80 cm),右脚后退半步,人斜对墙面可砌约 50 cm,砌完后左脚后退半步,右脚后退一步,恢复到开始砌砖时位置,如图 2.34 所示。

2.铲灰取砖

　　铲灰时应先用铲底摊平砂浆表面,这样便于掌握吃灰量,然后用手腕横向转动来铲灰,减少手臂动作,取灰量要根据灰缝厚度,以满足一块砖的需要量为准。取砖时,应随拿砖随挑选好下一块砖。左手拿砖,右手拿砂浆,同时拿起来,以减少弯腰次数,争取砌筑时间。

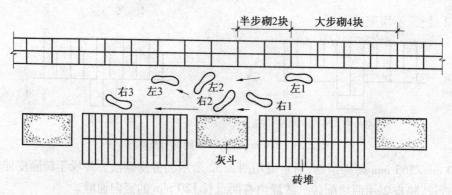

图 2.34　"三一"砌砖法的步法平面图

3. 铺灰

将砂浆铺在砖面上的动作可以分为甩、溜、丢、扣等几种。在砌顺砖时,当墙砌得不高并且距操作处较远时,通常采用溜灰方法铺灰;当墙砌得较高并且近身砌砖时,常用扣灰方法铺灰。在砌丁砖时,当砌墙较高并且近身砌筑时,常用丢灰方法铺灰;在其他情况下,还经常用扣灰方法铺灰,如图 2.35 所示。

不论采用哪一种铺灰动作,都要求铺出的灰条要近似砖的外形,长度比一块砖稍长 1 ~ 2 cm,宽约 8 ~ 9 cm,灰条距墙外面约 2 cm,并且与前一块砖的灰条相接。

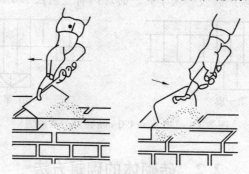

图 2.35　砌丁砖时铺灰

4. 揉挤

左手拿砖在离已砌好的前砖约 3 ~ 4 cm 处开始平放推挤,并且用手轻揉。在揉砖时,眼要上边看线,下边看墙皮,左手中指随即同时伸下,摸一下上、下砖棱是否齐平。砌好一块砖后,随即用铲将挤出的砂浆刮回,放在竖缝中或随手投入灰斗中。揉砖的目的是使砂浆饱满。若铺在砖上的砂浆较薄,揉的劲要小些;砂浆较厚,揉的劲要稍大一些。根据已铺砂浆的位置要前后揉或左右揉,总之,以揉到下齐砖棱、上齐线为适宜,做到平齐、轻放、轻揉,如图 2.36 所示。

"三一"砌砖法的优点:由于铺出来的砂浆面积相当于一块砖的大小,并且随即揉砖,所以灰缝容易饱满,黏结力强,能保证砌筑质量;在挤砌时随手刮去挤出的砂浆,使墙保持清洁。

"三一"砌砖法的缺点:通常是个人操作,操作时取砖、铲灰、铺灰、转身、弯腰等烦琐动作较多,影响砌筑效率,所以可用两铲灰砌三块砖或三铲灰砌四块砖的办法来提高效率。

该操作方法适合于砌窗间墙、砖柱、砖垛以及烟囱等较短的部位。

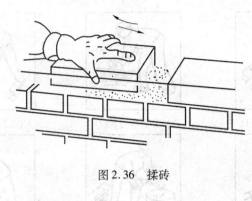

图 2.36　揉砖

讲 17："二三八一"砌筑法

把砌筑工砌砖的动作过程归纳为两种步法、三种弯腰姿势、八种铺灰手法、一种挤浆动作,称为"二三八一砌砖动作规范",简称"二三八一"砌筑法。

"二三八一"砌筑法中的两种步法,即操作者以丁字步和并列步交替退行操作;三种身法,即操作过程中采用侧弯腰、丁字步弯腰和并列步弯腰三种弯腰姿势进行操作;八种铺灰手法,即砌条砖采用甩、扣、溜、泼四种手法和砌丁砖采用扣、溜、泼、一带二等四种手法;一种挤浆动作,即平推挤浆法。

"二三八一"砌筑法把砌砖动作复合为 4 个,即双手同时铲灰和拿砖—转身铺灰—挤浆和接刮余灰—甩出余灰,大大简化了操作,使身体各部分肌肉轮流运动,减少疲劳。

1. 两种步法

砌砖时采用"拉槽取法",操作者背向砌砖前进方向退步砌筑。开始砌筑时,人斜站成丁字步,左足在前,右足在后,右腿紧靠灰斗。这种站立方法稳定有力,可以适应砌筑部位的远近高低变化,只要把身体的重心在前后之间变换,就可以完成砌筑任务。

右腿靠近灰斗以后,右手自然下垂,即可方便地在灰斗中取灰。右足绕足跟稍微转动一下,又可方便地取到砖块。

砌到近身以后,左足后撤半步,右足稍稍移动即成为并列步,操作者基本上面对墙身,又可完成 50 cm 长的砖墙砌筑。在并列步时,靠两足的稍稍旋转来完成取灰和取砖的动作。

一段砌筑全部砌完后,左足后撤半步,右足后撤一步,第二次站成丁字步,再继续重复前面的动作。每一次步法的循环,可以完成 1.5 m 的墙体砌筑,所以要求操作面上灰斗的排放间距也是 1.5 m。这一点与"三一"砌筑法是一样的。

2. 三种弯腰姿势(图 2.37)

(1)丁字步正弯腰。当操作者站成丁字步,并且砌筑离身体较远的矮墙身时,应采用丁字步正弯腰的动作。

(2)并列步正弯腰。丁字步正弯腰时重心在前腿,当砌到近身砖墙并且改换成并列步砌筑时,操作者就取并列步正弯腰的动作。

(3)侧身弯腰。当操作者以丁字步的姿势铲灰和取砖时,应采取侧身弯腰的动作,利用后腿微弯、斜肩和侧身弯腰来降低身体的高度,以达到铲灰和取砖的目的。侧身弯腰时动作时间短,腰部只承担轻度的负荷。在完成铲灰取砖后,可借助伸直后腿和转身的动作,使身体重心移向前腿而转换成正弯腰(砌低矮墙身时)。

(a) 丁字步弯腰(1)　　　(b) 丁字步弯腰(2)　　　(c)丁字步弯腰(3)

(d) 并列步正弯腰　　　(e) 侧身弯腰(1)　　　(f) 侧身弯腰(2)

图2.37　三种弯腰姿势的动作

3.八种铺灰手法

(1)砌条砖时的三种手法。

1)甩法,是"三一"砌筑法中的基本手法,适用于砌离身体部位低而远的墙体。铲取砂浆要求呈均匀的条状,当大铲提到砌筑位置时,将铲面转90°,使手心朝上,同时将灰顺砖面中心甩出,使砂浆呈条状均匀落下,甩灰的动作分解如图2.38所示。

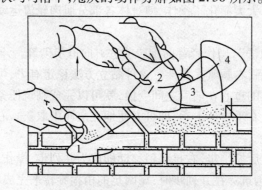

图2.38　甩灰的动作分解

2)扣法,适用于砌近身和较高部位的墙体,人站成并列步。铲灰时以后腿足跟为轴心转向灰斗,转过身来反铲扣出灰条,铲面的运动路线与甩法正好相反,也可以说是一种反甩法。尤其在砌低矮的近身墙时更是如此。扣灰时手心朝下,利用手臂的前推力和落砂浆的重力,使砂浆呈条状均匀落下,其动作形式如图2.39所示。

3)泼法,适用于砌近身部位以及身体后部的墙体,用大铲铲取扁平状的灰条,提到砌筑面上,将铲面翻转,手柄在前,平行向前推进泼出灰条,其手法如图2.40所示。

(2)砌丁砖时的三种手法。

1)溜法。砌里丁砖的溜法适用于砌一砖半墙的里丁砖,铲取的灰条要求呈扁平状,前部略厚,铺灰时将手臂伸过准线,使大铲边与墙边取平,采用抽铲落灰的办法,具体方法如图2.41所示。

砌角砖时,用大铲铲起扁平状的灰条,提送到墙角部位并与墙边取齐,然后抽铲落灰。

图 2.39　扣灰动作分解

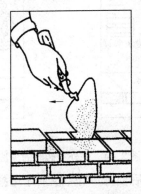

图 2.40　泼灰动作分解

采用这一手法可减少落地灰,铺灰动作如图 2.42 所示。

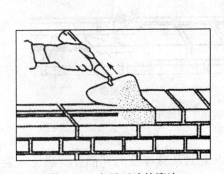

图 2.41　砌里丁砖的溜法

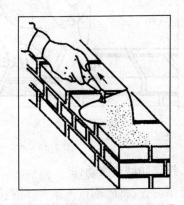

图 2.42　砌角砖"溜"的铺灰动作

2)砌里丁砖的扣法。该法在铲灰条时要求做到前部略低,扣到砖面上后,灰条外口稍厚,其动作如图 2.43 所示。

3)砌外丁砖的泼法。当砌三七墙外丁砖时可采用泼法。大铲铲取扁平状的灰条,泼灰时落点向里移一点,可以避免反面刮浆的动作。砌离身体较远的砖可以平拉反泼,砌近身处的砖采用正泼,其手法如图 2.44 所示。

(3)一带二铺灰法。由于砌丁砖时,竖缝的挤浆面积比条砖大 1 倍,外口砂浆不易挤严,可以先在灰斗处将丁砖的碰头灰打上,再铲取砂浆转身铺灰砌筑,这样做就多了一次打灰动作。"一带二"铺灰法是将这两个动作合并起来,利用在砌筑面上铺灰时,就将砖的丁头伸入

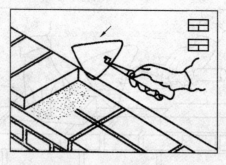

图2.43　砌里丁砖的扣法

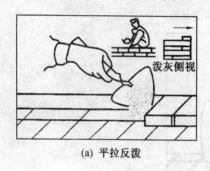

(a) 平拉反泼

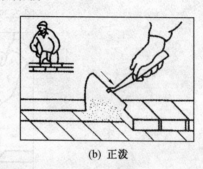

(b) 正泼

图2.44　砌外丁砖时的泼法

落灰处接打碰头灰。该做法铺灰后要摊一下,砂浆才可摆砖挤浆,在步法上也要做相应变换,其手法如图2.45所示。

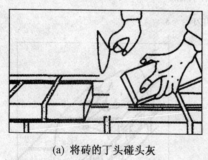

(a) 将砖的丁头碰头灰

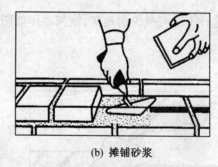

(b) 摊铺砂浆

图2.45　"一带二"铺灰动作(适用于砌外丁砖)

4. 挤浆和刮余浆动作

挤浆时,应将砖落在灰条2/3的长度或宽度处,将超过灰缝厚度的那部分砂浆挤入竖缝内。若铺灰过厚,可用揉搓的办法将过多的砂浆挤出。

在挤浆和揉搓时,大铲应及时接刮从灰缝中挤出的余浆并甩入竖缝内,当竖缝严实时也可甩入灰斗中。若是砌清水墙,可以用铲尖稍稍伸入平缝中刮浆,这样不仅刮了浆,而且还减少了勾缝的工作量并且节约了材料,挤浆和刮余浆的动作如图2.46所示。

讲18:瓦刀披灰法

瓦刀披灰法又称满刀灰法或带刀灰法,是指在砌砖时,先用瓦刀将砂浆抹在砖黏结面上和砖的灰缝处,然后将砖用力按在墙上的方法,如图2.47所示。该法是一种常见的砌筑方法,适用于空斗墙、1/4砖墙、平拱、弧拱、窗台、花墙以及炉灶等的砌筑。但是其要求稠度大、

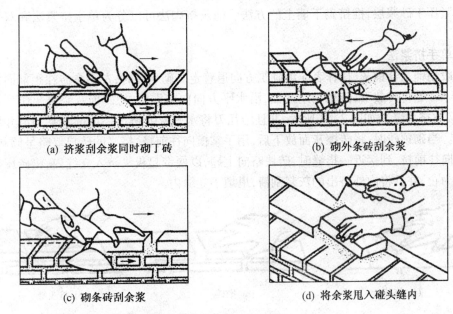

(a) 挤浆刮余浆同时砌丁砖　　　　　(b) 砌外条砖刮余浆

(c) 砌条砖刮余浆　　　　　　　　　(d) 将余浆甩入碰头缝内

图 2.46　挤浆和刮余浆动作

黏性好的砂浆与之配合,也可使用黏土砂浆或白灰砂浆。

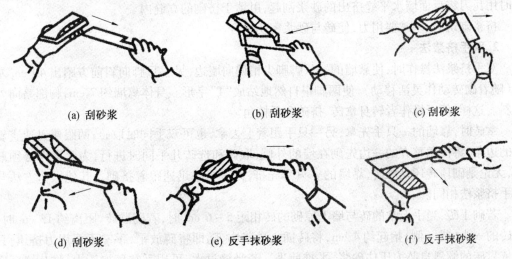

(a) 刮砂浆　　　　　　(b) 刮砂浆　　　　　　(c) 刮砂浆

(d) 刮砂浆　　　　(e) 反手抹砂浆　　　　(f) 反手抹砂浆

图 2.47　瓦刀披灰法砌砖

　　使用瓦刀操作时,右手拿瓦刀,左手拿砖,先用瓦刀把砂浆正手刮在砖的侧面,然后反手将砂浆抹满砖的大面,并且在另一侧刮上砂浆。要刮布均匀,中间不要留空隙,四周可以厚一些,中间薄些。与墙上已砌好的砖接触的头缝即碰头灰也要刮上砂浆。当砖块刮好砂浆后,即可放在墙上,挤压至与准线平齐。若有挤出墙面的砂浆,须用瓦刀刮下填于竖缝内。

　　用瓦刀披灰法砌筑,能做到刮浆均匀、灰缝饱满,有利于初学砖瓦工者的手法锻炼。该法历来被列为砌筑工入门的基本训练之一,但是其工效低,劳动强度大。

讲 19:铺灰挤砌法

　　铺灰挤砌法是采用一定的铺灰工具(例如铺灰器等),先在墙上用铺灰器铺一段砂浆,然后将砖紧压于砂浆层,推挤砌于墙上的方法。铺灰挤砌法可以分为单手挤浆法和双手挤浆法两种。

1.单手挤浆法

一般用铺灰器铺灰,操作者应沿砌筑方向退着走。砌顺砖时,左手拿砖在距前面的砖块约5~6 cm处将砖放下,砖稍稍蹭灰面,沿水平方向向前推挤,把砖前灰浆推起作为立缝处砂浆(又称挤头缝),如图2.48所示,并且用瓦刀将水平灰缝挤出墙面的灰浆刮清并甩填于立缝内。当砌顶砖时,将砖擦灰面放下后,用手掌横向往前挤,挤浆的砖口要略呈倾斜状,用手掌横向往前挤,到接近一指缝时,砖块略向上翘,以便带起灰浆挤入立缝内,将砖压至与准线平齐为止,并且将内外挤出的灰浆刮清,甩填于立缝内。

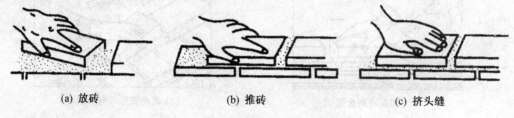

(a) 放砖　　　　　　　　(b) 推砖　　　　　　　　(c) 挤头缝

图2.48　单手挤浆法

当砌墙的内侧砌顺砖时,应将砖由外向里靠,水平向前挤推,这样立缝处砂浆容易饱满,同时用瓦刀将反面墙水平缝挤出的砂浆刮起,甩填于挤砌的立缝内。

挤浆砌筑时,手掌要用力,使砖与砂浆密切结合。

2.双手挤浆法

双手挤浆法操作时,使靠墙的一只脚脚尖稍偏向墙边,另一只脚向斜前方踏出40 cm左右(随着砌砖动作灵活移动),使两脚很自然地站成"T"字形。身体离墙约7 cm,胸部略向外倾斜。这样,便于操作者转身拿砖、挤砖和看棱角。

拿砖时,靠墙的一只手先拿,另一只手跟着上去拿,也可双手同时取砖;两眼要迅速查看砖的边角,将棱角整齐的一边先砌在墙的外侧;取砖和选砖几乎同时进行,为此操作必须熟练,无论是砌顶砖还是顺砖,靠墙的一只手先挤,另一只手迅速跟着挤砌。其他操作方法与单手挤浆法相同。

若砌丁砖,当手上拿的砖与墙上原砌的砖相距5~6 cm时,若砌顺砖,距离约13 cm时,把砖的一头(或一侧)抬起约4 cm,将砖插入砂浆中,随即将砖放平,手掌不要用力挤压,只需依靠砖的倾斜自坠力压住砂浆,平推前进。若竖缝过大,可用手掌稍加压力,将灰缝压实至1 cm为止。然后看准砖面,若有不平,用手掌加压,使砖块平整。由于顺砖长,所以要特别注意砖块下齐边棱、上平线,以防墙面产生凹进凸出和高低不平现象,如图2.49所示。

该方法,在操作时减少了每块砖要转身、铲灰、弯腰和铺灰等动作,可大大减轻劳动强度,还可组成两人或三人小组,铺灰、砌砖分工协作,密切结合,提高工效。此外,由于挤浆时平推平挤,使灰缝饱满,充分保证墙体质量。但是要注意,砂浆保水性能不好并且砖湿润又不符合要求时,若操作不熟练、推挤动作稍慢,往往会出现砂浆干硬,造成砌体黏结不良。所以,在砌筑时要求快铺快砌,挤浆时严格掌握平推平挤,避免前低后高,以免把砂浆挤成沟槽,使灰浆不饱满。

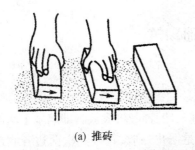
(a) 推砖

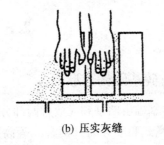
(b) 压实灰缝

图2.49 双手挤浆砌丁砖

讲20:坐浆砌砖法

坐浆砌砖法又称摊尺砌砖法,是指在砌砖时,先在墙上铺50 cm左右的砂浆,用摊尺找平,然后在已铺设好的砂浆上砌砖的方法,如图2.50所示。该法适用于砌门窗洞较多的砖墙或砖柱。

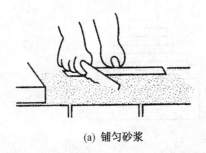
(a) 铺匀砂浆

(b) 推尺找平

图2.50 坐浆砌两法

1.操作要点

操作时,人站立的位置以距墙面10~15 cm为宜,左脚在前,右脚在后,人斜对墙面,随着砌筑前进方向退着走,每退一步可砌3~4块顺砖长。

操作时,通常使用瓦刀,用灰勺和大铲舀砂浆,均匀地倒在墙上,然后左手拿摊尺刮平。砌砖时左手拿砖,右手用瓦刀在砖的头缝处打上砂浆,随即砌上砖并且压实。砌完一段铺灰长度后,将瓦刀放在最后砌完的砖上,转身再舀灰,如此逐段铺砌。每次砂浆摊铺长度应看气温高低、砂浆种类以及砂浆稠度而定,每次砂浆摊铺长度不宜超过75 cm(如气温在30℃以上,不超过50 cm)。

2.注意事项

在砌筑时应注意:砖块头缝的砂浆要另外用瓦刀抹上去,不允许在铺平的砂浆上刮取,以免影响水平灰缝的饱满程度。摊尺铺灰砌筑时,当砌一砖墙时,可一人自行铺灰砌筑;墙较厚时,可组成二人小组,一人铺灰,一人砌墙,要分工协作,密切配合,这样才能提高工效。

采用该方法,因摊尺厚度同灰缝一样为10 mm,所以灰缝厚度能够控制,便于掌握砌体的水平缝平直。又由于铺灰时摊尺靠墙阻挡砂浆流到墙面,所以墙面清洁美观,砂浆耗损少。但是由于砖只能摆砌,不能挤砌,同时铺好的砂浆容易失水变稠干硬,所以黏结力较差。

2.3　砖基础砌筑

讲21：砖基础构造形式

普通砖基础由墙基和大放脚两部分组成:墙基与墙身同厚;大放脚即墙基下面的扩大部分,分为等高式和不等高式两种。等高式大放脚是两皮一收,每收一次两边各收进1/4砖长;不等高式大放脚是两皮一收与一皮一收相间隔,每收一次两边各收进1/4砖长,如图2.51所示。

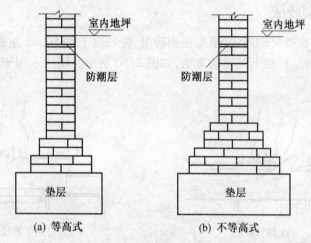

(a) 等高式　　　　　　　　(b) 不等高式

图2.51　砖基础剖面

大放脚的底宽应该根据设计确定,大放脚各皮的宽度应为半砖长的整倍数(包括灰缝)。在大放脚下面是基础垫层,垫层通常采用灰土、碎砖三合土或混凝土等。

在墙基顶面应设防潮层,防潮层宜用质量比为1∶2.5的水泥砂浆加适量的防水剂铺设,其厚度通常为20 mm,位置在底层室内地面以下一皮砖处,即离底层室内地面下60 mm处。

讲22：砖基础准备工作

1.材料要求

砖基础工程所用的材料应具有产品的合格证书、产品性能检测报告。砖、水泥、外加剂等尚应具有材料主要性能的进场复验报告,严禁使用国家或本地区明令淘汰的材料。

2.作业条件

(1)基槽或基础垫层已完成,并且验收,办完隐检手续。

(2)置龙门板或龙门桩,标出建筑物的主要轴线,标出基础以及墙身轴线及标高,并且弹出基础轴线和边线;立好皮数杆(间距为15~20 m,转角处均应设立),办完预检手续。

(3)根据皮数杆最下面一层砖的标高,拉线检查基础垫层、表面标高是否合适,若第1层砖的水平灰缝大于20 mm,应用细石混凝土找平,不得用砂浆或在砂浆中掺细砖或碎石处理。

(4)常温施工时,砌砖前1 d应将砖浇水湿润,砖以水浸入表面下10~20 mm深为宜;雨天作业不得使用含水率饱和状态的砖。

(5)砌筑部位的灰渣、杂物应清除干净,基层浇水湿润。

(6)砂浆配合比已经试验室根据实际材料确定。准备好砂浆试模。应按试验确定的砂浆配合比拌制砂浆,并且搅拌均匀。常温下拌好的砂浆应在拌和后 3~4 h 内用完;当气温超过 30 ℃时,应在 2~3 h 内用完。严禁使用过夜砂浆。

(7)基槽安全防护已完成,无积水,并且通过了质检员的验收。

(8)脚手架应随砌随搭设;运输通道通畅,各类机具应准备就绪。

3.校核放线尺寸和砌筑顺序

(1)校核放线尺寸。砌筑基础前,应校核放线尺寸,允许偏差应符合表 2.1 的规定。

表 2.1　放线尺寸的允许偏差

长度 L、宽度 B/m	允许偏差/mm	长度 L、宽度 B/m	允许偏差/mm
L(或 B)≤30	±5	60<L(或 B)≤90	±15
30<L(或 B)≤60	±10	L(或 B)≤90	±20

(2)砌筑顺序。

1)基底标高不同时,应从低处砌起,并且应由高处向低处搭砌。若设计无要求,搭接长度不应小于基础扩大部分的高度。

2)基础的转角处和交接处应同时砌筑。当不能同时砌筑时,应按照规定留槎和接槎。

讲 23:基础弹线

在基槽四角各相对龙门板的轴线标钉上拴上白线挂紧,沿白线挂线锤,找出白线在垫层面上的投影点,把各投影点连接起来,即基础的轴线。按基础图所示尺寸,用钢尺向两侧量出各道基础底部大脚的边线,在垫层上弹上墨线。若基础下没有垫层,无法弹线,可将中线或基础边线用大钉子钉在槽沟边或基底上,以便挂线。

讲 24:设置基础皮数杆

基础皮数杆的位置,应设在基础转角,如图 2.52 所示,内外墙基础交接处以及高低踏步处。基础皮数杆上应标明大放脚的皮数、退台、基础的底标高、顶标高以及防潮层的位置等。若相差不大,可在大放脚砌筑过程中逐皮调整,灰缝可适当加厚或减薄(俗称提灰或杀灰),但是要注意在调整中防止砖错层。

讲 25:排砖摆底

砌筑基础大放脚时,可根据垫层上弹好的基础线按"退台压丁"的方法先进行摆砖摆底。具体方法是,根据基底尺寸边线和已确定的组砌方式以及不同的砂浆,用砖在基底的一段长度上干摆一层,摆砖时,应考虑竖缝的宽度,并且按"退台压丁"的原则进行,上、下皮砖错缝达 1/4 砖长,在转角处用"七分头"来调整搭接,避免立缝、重缝。摆完后应经复核无误才能正式砌筑。为了砌筑时有规律可循,必须先在转角处将角盘起,再以两端转角为标准拉准线,并且按准线逐皮砌筑。当大放脚返台到实墙后,再按墙的组砌方法砌筑。排砖摆底工作的好坏,影响到整个基础的砌筑质量,必须严肃认真地做好。

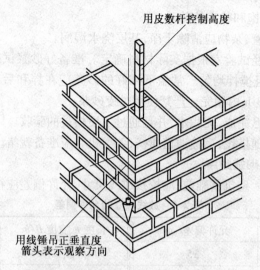

图 2.52　基础皮数杆设置示意图

常见摞底排砖方法包括六皮三收等高式大放脚和六皮四收间隔式大放脚,如图 2.53 和图 2.54 所示。

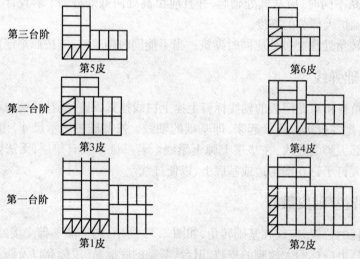

图 2.53　六皮三收等高式大放脚

讲 26:砌筑

1. 盘角

盘角是指在房屋的转角、大角处立皮数杆砌好墙角。每次盘角高度不得超过五皮砖,并且需用线锤检查垂直度和用皮数杆检查其标高有无偏差。若有偏差,应在砌筑大放脚的操作过程中逐皮进行调整(又称提灰缝或刹灰缝)。在调整中,应防止砖错层,即要避免“螺丝墙”情况。

2. 收台阶

基础大放脚每次收台阶必须用尺量准尺寸,其中部的砌筑应以大角处准线为依据,不能用目测或砖块比量,以免出现误差。在收台阶完成后和砌基础墙之前,应该利用龙门板的

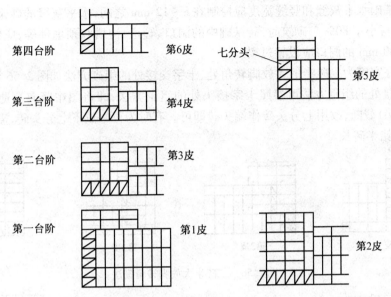

图 2.54　六皮四收间隔式大放脚

"中心钉"拉线检查墙身中心线,并且用红铅笔将"中"字画在基础墙侧面,以便随时检查复核。

3. 砌筑要点

(1)内外墙的砖基础均应同时砌筑。若因特殊原因不能同时砌筑时,应留设斜槎(踏步槎),斜槎长度不应小于斜槎的高度。基础底标高不同时,应由低处砌起,并且由高处向低处搭接;若设计无具体要求,其搭接长度不应小于大放脚的高度,如图 2.55 所示。

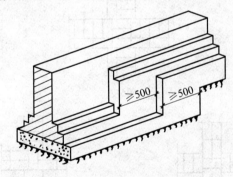

图 2.55　砖基础高低接头处砌法

(2)在基础墙的顶部、首层室内地面(±0.000)以下一皮砖处(−0.006 m),应设置防潮层。若设计无具体要求,防潮层宜采用 1:2.5 的水泥砂浆加适量的防水剂经机械搅拌均匀后铺设,其厚度为 20 mm。抗震设防地区的建筑物严禁使用防水卷材作基础墙顶部的水平防潮层。

建筑物首层室内地面以下部分的结构为建筑物的基础,但是为了施工的方便,砖基础通常均只做到防潮层。

(3)基础大放脚的最下一皮砖、每个大放脚台阶的上表层砖,均应采用横放丁砌砖所占比例最多的排砖法砌筑,此时不必考虑外立面上下一顺一丁相间隔的要求,以便增强基础大放脚的抗剪强度。基础防潮层下的顶皮砖也应采用丁砌为主的排砖法。

（4）砖基础水平灰缝和竖缝宽度应控制在8～12 mm之间，水平灰缝的砂浆饱满度用百格网检查不得小于80%。砌筑时，砖基础中的洞口、管道、沟槽和预埋件等，应留出或预埋，宽度超过300 mm的洞口应设置过梁。

（5）基底宽度为二砖半的大放脚转角处、十字交接处的组砌方法如图2.56和图2.57所示。T字交接处的组砌方法可参照十字接头处的组砌方法，即将图中竖向直通墙基础的一端（例如下端）截断，改用七分头砖作端头砖即可。有时为正好放下七分头砖，需将原直通墙的排砖图上错半砖长。

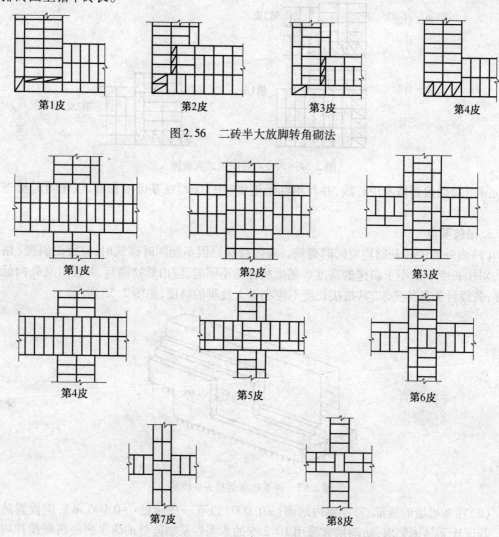

第1皮　　　　　　第2皮　　　　　　第3皮　　　　　　第4皮

图2.56　二砖半大放脚转角砌法

第1皮　　　　　　第2皮　　　　　　第3皮

第4皮　　　　　　第5皮　　　　　　第6皮

第7皮　　　　　　第8皮

图2.57　二砖半大放脚十字交接处砌法

（6）基础十字形、T形交接处和转角处组砌的共同特点：

1）穿过交接处的直通墙基础的应采用一皮砌通与一皮从交接处断开相间隔的组砌型式；

2）T形交接处、转角处的非直通墙的基础与交接处也应采用一皮搭接与一皮断开相间隔的组砌型式，并且在其端头加七分头砖（3/4砖长，实长应为177～178 mm）。

（7）砖基础底标高不同时，应从低处砌起，并且应由高处向低处搭砌，若设计无要求，搭砌长度不应小于砖基础大放脚的高度。

（8）砖基础的转角处和交接处应同时砌筑，当不能同时砌筑时，应留置斜槎。

讲27：防潮层施工

抹基础防潮层应在基础墙全部砌到设计标高，并且在室内回填土已完成时进行。防潮层的设置是为了防止土壤中水分沿基础墙中砖的毛细管上升而侵蚀墙体，造成墙身的表面抹灰层脱落，甚至墙身受潮冻结膨胀而破坏。若基础墙顶部有钢筋混凝土地圈梁，则可以代替防潮层；若没有地圈梁，则必须做防潮层，即在砖基础上，室内地坪±0.000以下60 mm处设置防潮层，以防止地下水上升。防潮层的做法，通常是铺抹20 mm厚的防水砂浆。防水砂浆可采用1∶2水泥砂浆加入水泥质量的3%～5%的防水剂搅拌而成。若使用防水粉，应先把粉剂和水搅拌成均匀的稠浆再添加到砂浆中去，不允许用砌墙砂浆加防水剂来抹防潮层；也可浇筑60 mm厚的细石混凝土防潮层。对防水要求高的，可再在砂浆层上铺油毡，但是在抗震设防地区不能用。抹防潮层时，应先在基础墙顶的侧面抄出水平标高线，然后用直尺夹在基础墙两侧，尺面按水平标高线找准，然后摊铺防水砂浆，待初凝后再用木抹子收压一遍，做到平实并且表面拉毛。

讲28：注意事项

（1）沉降缝两边的基础墙按照要求分开砌筑，两侧的墙要垂直，缝的大小、上下要一致，不能贴在一起或者搭砌，缝中不得落入砂浆或碎砖，先砌的一边墙应把舌头灰刮清，后砌的一边墙的灰缝应缩进砖口，避免砂浆堵住沉降缝，影响自由沉降。为避免缝内掉入砂浆，可在缝中间塞上木板，随砌筑随将木板上提。

（2）基础的埋置深度不等高呈踏步状时，砌砖时应先从低处砌起，不允许先砌上面后砌下面，在高低台阶接头处，下面台阶要砌长不小于50 cm的实砌体，砌到上面后与上面的砖一起退台。

（3）基础预留孔必须在砌筑时留出，位置要准确，不得事后凿基础。

（4）灰缝要饱满，每次收砌退台时，应用稀砂浆灌缝，使立缝密实，以抵御水的侵蚀。

（5）基础墙砌完，经验收后进行回填。回填时，应在墙的两侧同时进行，以免单面填土使基础墙在土压力下变形。

2.4 实心砖墙砌筑

讲29：实心砖墙的组砌方式和方法

实心砖墙是用烧结普通砖（或灰砂砖、粉煤灰砖、烧结多孔砖等）与水泥混合砂浆砌成，砖的强度等级不宜低于MU10，砂浆强度等级不宜低于M2.5。

1. 实心砖墙组砌方式

实心墙体通常采用一顺一丁（满丁满条）、梅花丁或三顺一丁砌法，其中代号M的多孔砖的砌筑形式只有全顺，每皮均为顺砖，其抓孔平行于墙面，上下皮竖缝相互错开1/2砖长，如图2.58所示。

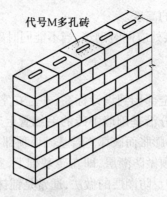

图2.58　代号M多孔砖砌筑形式

代号P的多孔砖有一顺一丁和梅花丁两种砌筑形式,一顺一丁是一皮顺砖与一皮顶砖相隔砌成,上下皮竖缝相互错开1/4砖长;梅花丁是每皮中顺砖与顶砖相隔,顶砖坐中于顺砖,上下皮竖缝相互错开1/4砖长,如图2.59所示。

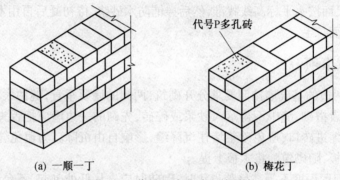

(a) 一顺一丁　　　　　　　　　　(b) 梅花丁

图2.59　代号P多孔砖砌筑形式

2. 实心砖墙组砌方法

组砌形式确定以后,组砌方法也随之确定。采用一顺一丁形式砌筑的砖墙的组砌方法,如图2.60所示,其余组砌方法依此类推。

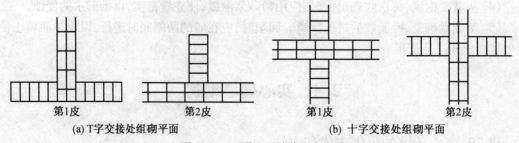

第1皮　　　　第2皮　　　　　　第1皮　　　　第2皮

(a) T字交接处组砌平面　　　　　(b) 十字交接处组砌平面

图2.60　一顺一丁砖墙组砌方法

讲30:找平并弹墙身线

砌墙之前,应将基础防潮层或楼面上的灰砂泥土、杂物等清除干净,并且用水泥砂浆或豆石混凝土找平,使各段砖墙底部标高符合设计要求;找平时,需使上下两层外墙之间不致出现明显的接缝。随后开始弹墙身线。

弹线的方法:根据基础四角各相对龙门板,在轴线标钉上拴上白线挂紧,拉出纵横墙的中心线或边线,投到基础顶面上,用墨斗将墙身线弹到墙基上,内间隔墙若没有龙门板,可自外墙轴线相交处作为起点,用钢尺量出各内墙的轴线位置和墙身宽度;根据图样画出门窗口位置线。墙基线弹好后,按照图样要求复核建筑物长度、宽度以及各轴线间尺寸。经复核无误后,即可作为底层墙砌筑的标准。

若在楼房中,楼板铺设后要在楼板上弹线定位。弹墙身线的方法如图2.61所示。

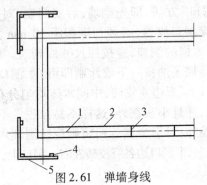

图2.61　弹墙身线

1—轴线;2—内墙边线;3—窗口位置线;4—龙门桩;5—龙门板

讲31:立皮数杆并检查核对

砌墙前,应先立好皮数杆。皮数杆通常应设立在墙的转角、内外墙交接处及楼梯间等突出部位,其间距不应太长,以15 m以内为宜,如图2.62所示。

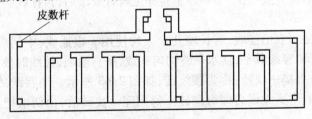

皮数杆

图2.62　皮数杆设立设置

皮数杆钉于木桩上,皮数杆下面的±0.000线与木桩上所抄测的±0.000线要对齐,都在同一水平线上。所有皮数杆应逐个检查是否垂直,标高是否准确,在同一道墙上的皮数杆是否在同一平面内。核对所有皮数杆上砖的层数是否一致,每皮厚度是否一致,对照图样核对窗台、门窗过梁、雨篷和楼板等的标高位置,核对无误后方可砌砖。

讲32:排砖撂底

在砌砖前,要根据已确定的砖墙组砌方式进行排砖撂底,使砖的垒砌合乎错缝搭接要求,确定砌筑所需要块数,以保证墙身砌筑竖缝均匀适度,尽可能做到少砍砖。排砖时,应根据进场砖的实际长度尺寸的平均值来确定竖缝的大小。

通常外墙第一层砖撂底时,两山墙排丁砖,前后檐纵墙排条砖。

根据弹好的门窗洞口位置线,认真地核对窗间墙、垛尺寸,其长度是否符合排砖模数;若不符合模数,可将门窗口的位置左右移动。若有破活,七分头或丁砖应排在窗口中间、附墙垛或其他不明显的部位。移动门窗口位置时,应注意暖卫立管安装以及门窗开启时不受影响。另外,在排砖时还要考虑在门窗口上边的砖墙合拢时也不出现破活。所以排砖时必须做全盘考虑,前后檐墙排第一皮砖时,要考虑甩窗口后砌条砖,窗角上必须是七分头才是好活。

讲33:立门窗框

门、窗一般包括木门窗、铝合金门窗、钢门窗、彩板门窗及塑钢门窗等。门窗安装方法包括"先立口"和"后塞口"两种方法。对于木门窗通常采用"先立口"方法,即先立门框或窗框,再砌墙。也可采用"后塞口"方法,即先砌墙,后安门窗;对于金属门窗通常采用"后塞口"方法。对于先立框的门窗洞口砌筑,必须与框相距10 mm左右砌筑,不要与木框挤紧,造成门框或窗框变形。后立木框的洞口,应按照尺寸线砌筑。根据洞口高度在洞口两侧墙中设置防腐木拉砖(通常用冷底子油浸一下或涂刷即可)。洞口高度2 m以内,两侧各放置三块木拉砖,放置部位距洞口上、下边4皮砖,中间木砖均匀分布,即原则上木砖间距为1 m左右。木拉砖宜做成燕尾状,并且小头在外,这样不易拉脱。不过,还应注意木拉砖在洞口侧面位置是居中、偏内还是偏外;对于金属等门窗则应按图埋入铁件或采用紧固件等,其间距一般不宜超过600 mm,离上、下洞口边各三皮砖左右。洞口上、下边同样设置铁件或紧固件。

讲34:盘角、挂线

1.盘角

砌砖前应先盘角,每次盘角不要超过五层,新盘的大角,应该及时进行吊、靠。若有偏差,要及时修整。盘角时,应仔细对照皮数杆的砖层和标高,控制好灰缝大小,使水平灰缝均匀一致。大角盘好后再复查一次,平整和垂直完全符合要求后,再挂线砌墙。

2.挂线

砌筑一砖半墙必须双面挂线,若长墙几个人均使用一根通线,中间应设几个支线点,小线要拉紧,每层砖都要穿线看平,使水平缝均匀一致,平直通顺,挂线时要把高出的障碍物去掉,中间塌腰的地方要垫一块砖,称为腰线砖,如图2.63所示。垫腰线砖时,应注意准线不能向上拱起。经检查平直无误后即可砌砖。每砌完一皮砖后,由两端把大角的人逐皮往上起线。

此外,还有一种挂线法。不用坠砖而将准线挂在两侧墙的立线上,称为挂立线,通常用于砌间墙。将立线的上下两端拴在钉入纵墙水平缝的钉子上并且拉紧,如图2.64所示。根据挂好的立线拉水平准线,水平准线的两端要由立线的里侧往外拴,两端拴的水平缝线要同纵墙缝一致,不得错层。

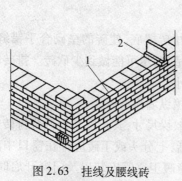

图2.63　挂线及腰线砖
1—小线;2—腰线砖

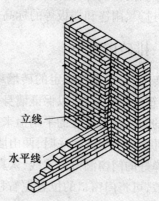

图2.64　挂立线

讲35:墙体砌砖

1. 砌砖工艺要点

(1)砌砖宜采用"三一"砌砖法,即满铺、满挤操作法。砌砖时砖要放平。里手高,墙面就要张;里手低,墙面就要背。

(2)砌砖一定要跟线,"上跟线,下跟棱,左右相邻要对平"。

(3)水平灰缝厚度和竖向灰缝宽度一般为 10 mm,但是不应小于 8 mm,也不应大于 12 mm。

(4)为保证清水墙面主缝垂直,不游丁走缝,当砌完一步架高时,宜每隔 2 m 水平间距,在丁砖立楞位置弹两道垂直立线,可以分段控制游丁走缝。

(5)在操作过程中,要认真地进行自检,若出现偏差,应随时纠正,严禁事后砸墙。

(6)清水墙不允许有三分头,不得在上部任意变活、乱缝。

(7)砌筑砂浆应随搅拌随使用,通常水泥砂浆必须在 3 h 内用完,水泥混合砂浆必须在 4 h 内用完,不得使用过夜砂浆。

(8)砌清水墙应随砌随划缝,划缝深度为 8~10 mm,深浅一致,墙面清扫干净。混水墙应随砌随将舌头灰刮尽。

2. 门窗洞口、窗间墙砌法

当墙砌到窗台标高以后,在开始往上砌筑窗间墙时,应对立好的窗框进行检查。察看安立的位置是否正确,高低是否一致,立口是否在一条直线上,进出是否一致,立的是否垂直等。若窗框是后塞口的,应按照图样在墙上画出分口线,留置窗洞。

砌窗间墙时,应拉通线同时砌筑。门窗两边的墙宜对称砌筑、靠窗框两边的墙砌砖时要注意丁顺咬合,避免通缝。并且应经常检查门窗口里角和外角是否垂直。

当门窗立上时,砌窗间墙不要把砖紧贴着门窗口,应留出 3 mm 的缝隙,避免门窗框受挤变形。在砌墙时,应将门窗框上下走头砌入卡紧,将门窗框固定。

当塞口时,按要求位置在两边墙上砌入防腐木砖,通常窗高不超过 1.2 m 的,每边放两块,距上下边均为 3~4 皮砖。木砖应事先做防腐处理。木砖埋砌时,应小头在外,这样不易拉脱。若采用钢窗,则按照要求位置预先留好洞口,以备镶固铁件。

当窗间墙砌到门窗上口时,应超出窗框上皮 10 mm 左右,以防止安装过梁后下沉压框。

安装完过梁(或发璇)以后,拉通线砌长墙,墙砌到楼板支撑处,为使墙体受力均匀,楼板下的一皮砖应为丁砖层,若楼板下的一皮砖赶上顺砖层时,应改砌成丁砖层。此时,则出现两层丁砖,称为重丁。

一层楼砌完后,所有砖墙标高应在同一水平。

3. 留槎

外墙转角处应同时砌筑。内外墙交接处必须留斜槎,槎子长度不应小于墙体高度的 2/3,槎子必须平直、通顺。分段位置应在变形缝或门窗口转角处,隔墙与墙或柱不同时砌筑,可留阳槎加预埋拉结筋。沿墙高按设计要求每 50 cm 预埋 $\phi6$ 钢筋 2 根,其埋入长度从墙的留槎处算起,通常每边均不小于 50 cm,末端应加 90° 弯钩。施工洞口也应按以上要求留水平拉结筋。隔墙顶应用立砖斜砌挤紧。

4. 木砖预留孔洞和墙体拉结筋

木砖预埋时,应小头在外,大头在内,数量按照洞口高度决定。洞口高在1.2 m以内,每边放2块;高为1.2~2 m,每边放3块;高为2~3 m,每边放4块,预埋木砖的部位通常在洞口上边或下边四皮砖,中间均匀分布。木砖要提前做好防腐处理。钢门窗安装的预留孔、硬架支模和暖卫管道,均应按照设计要求预留,不得事后剔凿。墙体拉结筋的位置、规格、数量和间距均应按照设计要求留置,不应错放、漏放。

5. 异形角墙的砌筑

(1)钝角角墙(八字角或大角)。当砌筑"八字角"即大于90°转角墙时,按照角度的大小放出墙身角,按照线的角头处将砖进行试摆。摆砖的目的是要达到错缝合理,砍砖少,收头好,角部搭接美观。八字角在砌筑时要用"七分头"来调整错缝搭接,头角处不能采用"二寸头"。八字角通常采用外"七分头",使"七分头"呈八字形,长边为3/4砖,短边为1/2砖时,应将多余部分砍去,如图2.65所示。

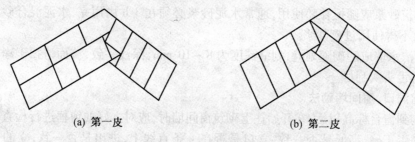

(a) 第一皮   (b) 第二皮

图2.65　钝角排砖法

(2)锐角角墙(凹角或小角)。当砌筑"凹角"即小于90°转角墙时,同"八字角"一样放线和摆砖。"凹角"通常采用"内七分头",先将砖砍成锐角形,使其长边仍为一砖,短边应大于1/2砖。在其后再砍一块锐角砖,长边小于3/4砖,短边大于1/2砖,将其3/4砖长一边与第一块(头角砖)砖的短边在同一平面上,其长度要求为一砖半,如图2.66所示。

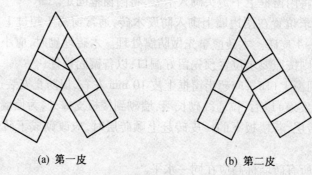

(a) 第一皮   (b) 第二皮

图2.66　锐角排砖法

(3)钝角和锐角墙砌筑注意事项。无论是钝角还是锐角墙,砌砖时,经试摆确定叠砌的方法后,均要做出角部异形砖加工样板,按照样板加工异形砖。经过加工后的砖角部要平正,不应有凹凸和斜面现象。为了保证异形角墙体有足够的搭接长度,其搭接长度不小于1/4砖长。"八字角"和"凹角"均要砌成上下垂直。经过挂线检查角部两侧墙的垂直及平整。当砌清水墙异形角墙体时,要注意砖面的选择、砖的加工以及头角、墙面的垂直和平整,并且使灰缝均匀。

（4）弧形墙的砌筑。弧形墙在砌筑前应按照墙的弧度做木套板,若不是一个弧度组成时,应按照不同的弧度增加套板。砌前按照所弹的墙身线将砖进行试摆,经检查其错缝搭接应符合要求后再行砌筑。砌筑时,要求灰缝饱满、砂浆密实,水平缝厚 8 ~ 10 mm,垂直缝最小不小于 7 mm,最大不大于 12 mm。当墙的弧度较大时,可采用顺砖和顶砖交错的砌法。弧度小时,宜采用顶砌法,也可采用加工成楔形砖砌法。用楔形砖砌筑,水平与竖直灰缝宜控制在 10 mm 左右。无论采用哪种砌法,上下皮竖缝应搭接 1/4 砖长。当墙厚超过两砖时,应先砌外皮再砌内皮,然后填心。在砌筑过程中,每砌 3 ~ 5 皮用弧形木套板沿弧形墙面检查,竖向仍用线锤和托线板定点检查。发现偏差应立即纠正。采用楔形砌筑时,提前做出楔形砖加工样板,将样板与砖比齐放平,再在砖上画线,把线外多余部分先砍掉,然后修整。要求高的外露面有时还须磨光,加工好的砖面应平整,楔形应符合砌筑要求。

讲 36:构造柱边做法

凡设有构造柱的工程,在砌砖前,先根据设计图纸将构造柱位置进行弹线,并且把构造柱插筋处理顺直。砌砖墙时,与构造柱连接处砌成马牙槎。每一马牙槎高度不宜超过 300 mm,凸出宽度为 60 mm。沿墙高每 500 mm 设置 2 根 $\phi6$ 的水平拉结钢筋,拉结钢筋每边伸入墙内不宜小于 1 m,如图 2.67 所示。

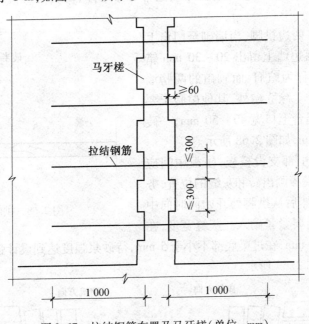

图 2.67　拉结钢筋布置及马牙槎(单位:mm)

砌筑砖墙时,马牙槎应先退后进,以保证构造柱脚处为大断面。砌筑过程中按照规定间距放置水平拉结钢筋。当砖墙上门窗洞边到构造柱边(即墙马牙槎外齿边)的长度小于1.0 m 时,拉结钢筋应伸至洞边止。

砌墙时,应在各层构造柱底部(圈梁面上)以及该层二次浇灌段的下端位置留出 2 皮砖洞眼,以供清除模板内杂物用。清除完毕应立即封闭洞眼。

砖墙灰缝的砂浆必须密实饱满,水平灰缝砂浆饱满度不得低于80%。

讲37：窗台、拱碹、过梁砌筑

1.窗台

当墙砌至接近窗洞口标高时,若窗台是用顶砖挑出,则在窗洞口下皮开始砌窗台;若窗台是用侧砖挑出,则在窗洞口下两皮开始砌窗台。砌之前按照图样把窗洞口位置在砖墙面上划出分口线,砌砖时,砖应砌过分口线60～120 mm,挑出墙面60 mm,出檐砖的立缝要打碰头灰。

窗台砌虎头砖时,先把窗台两边的两块虎头砖砌上,用一根小线挂在它的下皮砖外角上,线的两端固定,作为砌虎头砖的准线,挂线后把窗台的宽度量好,算出需要的砖数和灰缝的大小。虎头砖向外砌成斜坡,在窗口处的墙上砂浆应铺得厚一些,通常里面比外面高出20～30 mm,以利泄水。操作方法是把灰打在砖中间,四边留10 mm左右,一块一块地砌。砖要充分润湿,灰浆要饱满。若是清水窗台,砖要认真地进行挑选。

如果几个窗口连在一起通长砌,其操作方法与上述单窗台砌法相同。

2.拱碹

(1)砖砌平碹。砖平碹多用烧结普通砖和水泥混合砂浆砌成。砖的强度等级应不低于MU10,砂浆的强度等级应不低于M5。厚度通常等于墙厚,高度为一砖或一砖半,外形呈楔形,上大下小。

砌筑时,先砌好两边拱脚、当墙砌至门窗上口时,开始在洞口两边墙上留出20～30 mm错台,作为拱脚支点,称为碹肩,而砌碹的两膀墙为拱座,称为碹膀子。除立碹外,其他碹膀子要砍成坡面,一砖碹错台上口宽40～50 mm,一砖半上口宽60～70 mm,如图2.68所示。

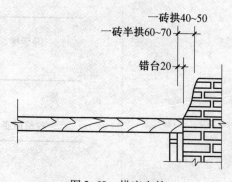

图2.68　拱座砌筑

再在门窗洞口上部支设模板,模板中间应有1%的起拱。在模板画出砖和灰缝的位置,务必使砖数为单数。然后从拱脚处开始同时向中间砌砖,正中一块砖要紧紧砌入。灰缝宽度,在过梁顶部不超过15 mm,在过梁底部不小于5 mm,待砂浆强度达到设计强度的50%以上时,方可拆除模板,如图2.69所示。

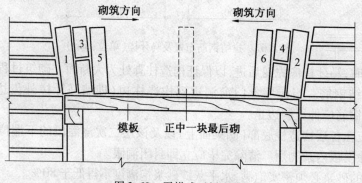

图2.69　平拱式过梁砌筑

（2）拱碹。拱碹又称弧拱、弧碹。多采用烧结普通砖和水泥混合砂浆砌成。砖的强度等级应不低于 MU10,砂浆的强度等级应不低于 M5。它的厚度与墙厚相等,高度包括一砖和一砖半等,外形呈圆弧形。

砌筑时,应先砌好两边拱脚,拱脚斜度依圆弧曲率而定。再在洞口上部支设模板,模板中间有 1% 的起拱。在模板画出砖和灰缝位置,务必使砖数为单数,然后从拱脚处开始同时向中间砌砖,正中一块砖应紧紧砌入。

灰缝宽度:在过梁顶部不超过 15 mm,在过梁底部不小于 5 mm。待砂浆强度达到设计强度的 50% 以上时,方可拆除模板,如图 2.70 所示。

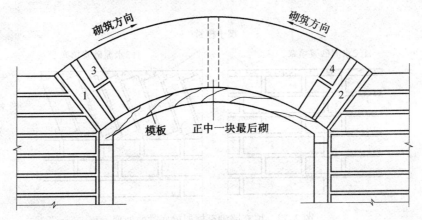

图 2.70　弧拱式过梁砌筑

3. 过梁

平砌式过梁又称钢筋砖过梁,它是由烧结普通砖和水泥混合砂浆砌成,砖的强度等级应不低于 MU10,砂浆强度等级应不低于 M5,过梁底部配纵向钢筋,每半砖厚墙配 1 根(不少于 3 根),钢筋直径不小于 6 mm。砌筑时,应先在门窗洞口上部支设模板,模板中间应有 1% 起拱。接着在模板面上铺设厚 30 mm 的水泥砂浆,在砂浆层上放置钢筋,钢筋两端伸入墙内不少于 240 mm,其弯钩向上,再按照砖墙组砌形式继续砌砖,要求钢筋上面的一皮砖应丁砌,钢筋弯钩应置入竖缝内。钢筋以上七皮砖作为过梁作用范围,此范围内的砖和砂浆强度等级应达到上述要求。待过梁作用范围内的砂浆强度达到设计强度 50% 以上时,方可拆除模板,如图 2.71 所示。

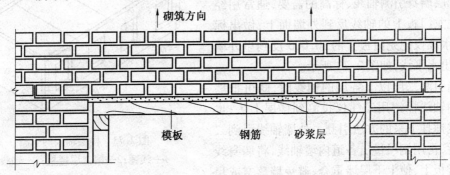

图 2.71　平砌式过梁砌筑

讲38：梁底和板底砖的处理

砖墙砌至楼板底时,应砌成丁砖层,若楼板是现浇的,并且直接支撑在砖墙上,则应砌低一皮砖,使楼板的支撑处混凝土加厚,支撑点得到加强。

填充墙砌至框架梁底时,墙与梁底的缝隙要用铁楔子或木楔子打紧,然后用1:2水泥砂浆嵌填密实。若是混水墙,可以用与平面交角在45°~60°的斜砌砖顶紧。假如填充墙是外墙,应等砌体沉降结束,砂浆达到强度后再用楔子楔紧,然后用1:2水泥砂浆嵌填密实,因为此部分是薄弱点,最容易造成外墙渗漏,施工时要特别注意。梁板底的处理,如图2.72所示。

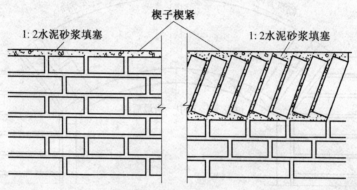

图2.72　填充墙砌至框架梁底时的处理

讲39：楼层砌砖

一层楼砌至要求的标高后,安装预制钢筋混凝土楼板或现浇钢筋混凝土楼板,其中,现浇钢筋混凝土楼板需达到一定强度方可在其上面施工。

为了保证各层墙身轴线重合,并且与基础定位轴线一致,在砌二层砖墙前,将轴线和标高由一层引测到二层楼上。

基础和墙身的弹线由龙门板控制,但是随着砌筑高度的增加和施工期限的延长,龙门板不能长期保存,即使保存也无法使用。所以,为满足二层墙身引测轴线、标高的需要,通常用经纬仪把龙门板上的轴线反到外墙面上,做出标记;用水准仪把龙门板上的±0.000反到里外墙角,画出水平线,如图2.73所示。

当引测二层以上各层的轴线时,既可把墙面上的轴线标记用经纬仪投测到楼层上去;也可用线锤挂下来的方法引测。外墙轴线引到二层以后,再用钢尺量出各道内墙轴线,将墙身线弹到楼板上,使上下层墙重合,避免墙落空或尺

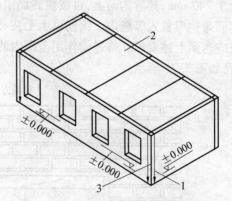

图2.73　楼层轴线的引测
1—线锤;2—第二层楼板;3—轴线

寸偏移。各层楼的窗间墙和窗洞口通常也要从下层窗口用线锤吊上来,使各层楼的窗间墙、洞口上下对齐,都在同一垂直线上。

当引测二层以上各层的标高时,有以下两种方法:

(1)利用皮数杆传递,一层一层往上接。

(2)由底层墙上的水平标志线用钢尺或长杆往上量,定出各墙的标高点,然后立皮数杆。立皮数杆时,上下层的皮数杆一定要衔接吻合。

要求外墙砌完后,看不出上下层的分界限,水平灰缝上下要均匀一致,内墙的第一皮砖与外墙的第一皮砖应在同一水平接槎交圈。若皮数不一致发生错层,应找平后再进行砌筑。

楼层砌砖的其他步骤方法同底层砖墙。

讲40:山尖、封山

当坡形屋顶建筑砌筑山墙时,在砌至檐口标高时应往上收砌山尖。通常在山墙的中心位置钉上一根皮数杆,在皮数杆上按照山尖屋脊标高钉一根钉子,往前后檐挂斜线,砌时按照斜线坡度,用踏步槎向上砌筑,如图2.74所示。不用皮数杆砌山尖时,应用托线板和三角架随砌随校正,当砌筑高超过4 m时须增设临时支撑,砂浆强度等级提高一级。

在砌至檩条底标高时,将檩条位置留出,待安放完檩条后,即可进行封山。

封山包括平封山和高封山。

(1)平封山砌砖是按照正放好的檩条上皮拉线,或按照屋面钉好的屋面板找平,并且按照挂在山尖两侧的斜线打砖槎子,砖要砍成楔形砌成斜坡,然后用砂浆找平,斜槎找平后,即可砌出檐砖。

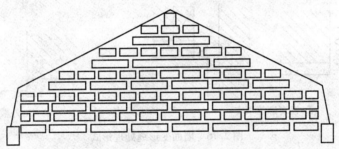

图2.74 砌山尖

(2)高封山的砌法基本与平封山相同,高封山出屋面的高度按照图样要求砌好后,在脊檩端头上钉一小挂线杆,自高封山顶部标高往前后檐挂线,线的坡度应和屋面坡度一致,山尖应在正中。砌斜坡砖时,应注意在檐口处和山墙两檐处的撞头交圈。高封山砌完后,在墙顶上砌一层或二层压顶出檐砖,以备抹灰。

讲41:挑檐

挑檐是指在山墙前后檐口处,向外挑出的砖砌体。在砌挑檐前应先检查墙身高度,前后两坡和左右两山是否在一个水平面上,计算一下出檐后高度是否能使挂瓦时坡度顺直。砖挑檐的砌筑方法包括一皮一挑、二皮一挑和一皮间隔挑等,挑层最下一皮为顶砖,每皮砖挑出宽度不大于60 mm。砌砖时,在两端各砌一块顶砖,然后在顶砖的底棱挂线,并且在线的两端用尺量一下是否挑出一致。砌砖时,先砌内侧砖,后砌外面挑出砖,以便压住下一层挑檐砖,以防使刚砌完的檐子下折,如图2.75所示。

砌时立缝要嵌满砂浆,水平缝的砂浆外边要略高于里边,以便沉陷后檐头不至下垂。砂浆强度等级应比砌墙用料提高一级,通常不低于 M5。

讲42:变形缝的砌筑与处理

当砌筑变形缝两侧的砖墙时,要找好垂直,缝的大小、上下应一致,不能中间接触或有支撑物。砌筑时要特别注意,不要把砂浆、碎砖和钢筋头等掉入变形缝内,以免影响建筑物的自由伸缩、沉降和晃动。

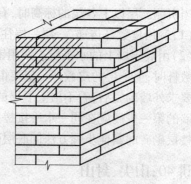

图 2.75 挑檐砌法

变形缝口部的处理必须按照设计要求,不能随便更改,缝口的处理要满足此缝的功能上的要求。例如伸缩缝通常用麻丝沥青填缝,而沉降缝则不允许填缝。墙面变形缝的处理形式,如图 2.76 所示。屋面变形缝的处理形式,如图 2.77 所示。

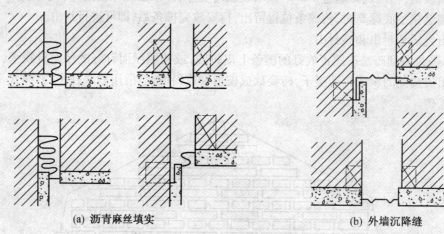

(a) 沥青麻丝填实　　　　　　　　　　　　(b) 外墙沉降缝

图 2.76 墙面变形缝处理形式

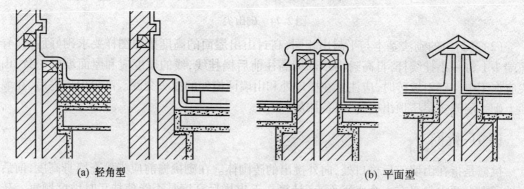

(a) 轻角型　　　　　　　　　　　　　　(b) 平面型

图 2.77 屋面变形缝处理形式

讲43:砖墙面勾缝

1. 勾缝前准备

砖墙面勾缝前,应做好下列准备工作:

(1)清除墙面黏结的砂浆、泥浆和杂物等,并且洒水湿润。

(2)开凿瞎缝,并且对缺棱掉角的部位用与墙面相同颜色的砂浆修补齐整。

(3)将脚手眼内清理干净,洒水湿润,并且用与原墙相同的砖补砌严密。

墙面勾缝应采用加浆勾缝,宜用细砂拌制的质量比为1∶1.5的水泥砂浆。砖内墙也可采用原浆勾缝,但是必须随砌随勾,并且应使灰缝光滑、密实。

2.勾缝形式

常见的勾缝形式包括平缝、平凹缝、圆凹缝、凸缝、斜缝五种,如图2.78所示。

(1)平缝。平缝勾成的墙面平整,用于外墙以及内墙勾缝。

(2)凹缝。凹缝照墙面退进2~3 mm深。它又分为平凹缝和圆凹缝,圆凹缝是将灰缝压溜成一个圆形的凹槽。

(3)凸缝。凸缝是将灰缝做成圆形凸线,使线条清晰明显,墙面美观,多用于石墙。

(4)斜缝。斜缝是将水平缝中的上部勾缝砂浆压进一些,使其成为一个斜面向上的缝,该缝泻水方便,多用于烟囱。

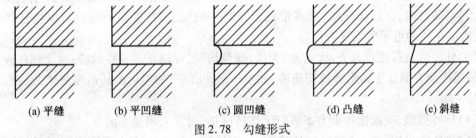

| (a) 平缝 | (b) 平凹缝 | (c) 圆凹缝 | (d) 凸缝 | (e) 斜缝 |

图2.78 勾缝形式

3.勾缝操作要点

(1)勾缝前应对清水墙面进行一次全面检查,开缝嵌补。对个别瞎缝、划缝不深或水平缝不直的都要进行开缝,使灰缝宽度一致。

(2)填堵脚手眼时,要首先清除脚手眼内残留的砂浆和杂物,用清水把脚手眼内润湿,在水平方向摊平一层砂浆,内部深处也必须填满砂浆。塞砖时,砖上面也要摊平一层砂浆,然后再填塞进脚手眼。填的砖必须与墙面齐平,不应有凸凹现象。

(3)勾缝的顺序是从上而下进行,先勾水平缝。勾水平缝用长溜子。自右向左,右手拿溜子,左手拿托板,将托灰板顶在要勾的灰口下沿,用溜子将灰浆压入缝内(预喂缝),随压随勾,随移动托灰板。勾完一段后,溜子自左向右,在砖缝内将灰浆压实、压平、压光,使缝深浅一致。勾立缝用短溜子,自上而下在灰板上将灰刮起(称为叼灰),勾入竖缝,塞压密实平整。勾好的水平缝要深浅一致,搭接平整,阳角要方正,不得有凹和波浪现象,如图2.79所示。

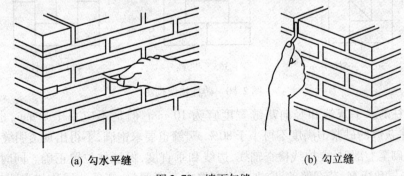

| (a) 勾水平缝 | (b) 勾立缝 |

图2.79 墙面勾缝

门窗框边的缝、门窗碹底、虎头砖底和出檐底都要勾压严实。勾完后,要立即清扫墙面,勿使砂浆沾污墙面。

2.5　砖柱砌筑

讲44:砖柱构造形式

砖柱的主要断面形式包括方形、矩形、多角形和圆形等。方柱最小断面尺寸为365 mm×365 mm,矩形柱为240 mm×365 mm;多角形和圆柱形最小内直径为365 mm。

讲45:砖柱砌筑要点

(1)砖柱砌筑前,基层表面应清扫干净,洒水湿润。基础面高低不平时,应进行找平,小于3 cm的用1:3水泥砂浆,大于3 cm的用细石混凝土找平,使各柱第一皮砖在同一标高上。

(2)砌砖柱时,应四面挂线,当多根柱子在同一轴线上时,要拉通线检查纵横柱网中心线,同时应在柱的近旁竖立皮数杆。

(3)柱砖应选择棱角整齐,无弯曲、裂纹,颜色均匀,规格基本一致的砖;对于圆柱或多角柱要按照排砌方案加工弧形砖或切角砖,加工砖面须磨平,加工后的砖应编号堆放,砌筑时,应对号入座。

(4)排砖摆底,应根据排砌方案进行干摆砖试排,通常采用满丁满条。

(5)砌砖宜采用"三一"砌法里外咬槎,上下错缝。柱面上下皮竖缝应相互错开1/2砖长以上。柱心无通天缝。严禁采用先砌四周后填心的砌法。几种不同断面砖柱的错误砌法如图2.80所示。

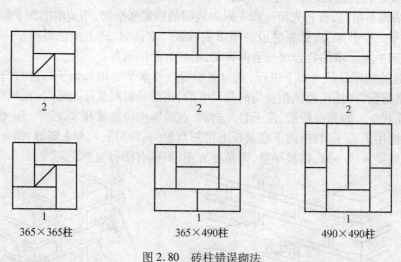

图2.80　砖柱错误砌法

(6)砖柱的水平灰缝和竖向灰缝宽度宜为10 mm,但是不应小于8 mm,也不应大于12 mm;水平灰缝的砂浆饱满度不得小于80%,竖缝也要求饱满,不得出现透明缝。

(7)柱砌至上部时,要拉线检查轴线、边线和垂直度,保证柱位置正确。同时,还要对照皮数杆的砖层和标高,若有偏差,应在水平灰缝中逐渐调整,使砖的层数与皮数杆一致。砌楼层砖柱时,要检查上层弹的墨线位置与下层柱子是否有偏差,防止上层柱落空砌筑。

(8)2 m 高范围内清水柱的垂直偏差不大于 5 mm,混水柱不大于 8 mm,轴线位移不大于 10 mm。每天砌筑高度不宜超过 1.8 mm。

(9)单独的砖柱砌筑,可立固定皮数杆,也可经常用流动皮数杆检查高低情况。当几个砖柱同列在一条直线上时,可先砌两头砖柱,再在其间逐皮拉通线砌筑中间部分砖柱,这样易控制皮数正确,进出以及高低一致。

(10)砖柱与隔墙相交,不能在柱内留阴槎,只能留阳槎,并且加联结钢筋拉结。若在砖柱水平缝内加钢筋网片,在柱子一侧要露出 1 ~ 2 mm 以备检查,看是否遗漏,填置是否正确。砌楼层砖柱时,要检查上层弹的墨线位置和下层柱是否对准,防止上下层柱错位,落空砌筑。

(11)砖柱四面都有棱角,在砌筑时,一定要勤检查,尤其是下面几皮砖要吊直,并且要随时注意灰缝平整,防止发生砖柱扭曲或砖皮一头高、一头低等情况。

(12)砖柱表面的砖应边角整齐,并且色泽均匀。

(13)砖柱的水平灰缝厚度和竖向灰缝宽度宜为 10 mm 左右。

(14)砖柱上不得留设脚手眼。

讲46:网状配筋砖柱砌筑

网状配筋砖柱是指水平灰缝中配有钢筋网的砖柱。它所用的砖,不应低于 MU10;所用的砂浆,不应低于 M5。

钢筋网包括方格网和连弯网两种。方格网的钢筋直径为 3 ~ 4 mm,连弯网的钢筋直径不大于 8 mm。钢筋网中钢筋的间距,不应大于 120 mm,并且不应小于 30 mm。钢筋网沿砖柱高度方向的间距,不应大于 5 皮砖,并且不应大于 400 mm。当采用连弯网时,网的钢筋方向应互相垂直,沿砖柱高度方向交错设置,连弯网间距取同一方向网的间距,如图 2.81 所示。

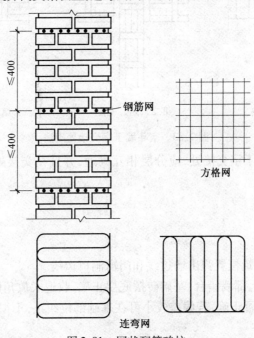

图 2.81　网状配筋砖柱

网状配筋砖柱砌筑时,按照上述砖柱砌筑进行,在铺设有钢筋网的水平灰缝砂浆时,应分两次进行,先铺厚度一半的砂浆,放上钢筋网,再铺厚度一半的砂浆,使钢筋网置于水平灰缝砂浆层的中间,并且使钢筋网上下各有2 mm的砂浆保护层。放有钢筋网的水平灰缝厚度为10~12 mm,其他灰缝厚度应控制在10 mm左右。

2.6　空斗墙砌筑

讲47:空斗墙的砌筑形式和方法

空斗墙的立面组砌形式包括一眠一斗、一眠二斗、一眠三斗和无眠空斗四种,如图2.19所示。

一眠三斗空斗墙转角处的砌法,如图2.82所示。

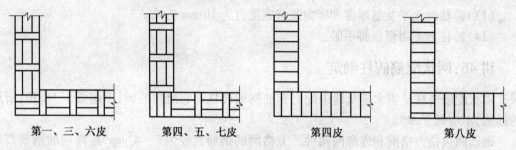

第一、三、六皮　　　第四、五、七皮　　　第四皮　　　第八皮

图2.82　空斗墙转角处砌法

一眠三斗空斗墙丁字交接处的砌法,如图2.83所示。

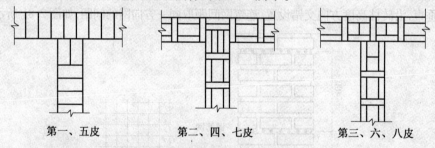

第一、五皮　　　第二、四、七皮　　　第三、六、八皮

图2.83　空斗墙丁字交接处砌法

在空斗墙与空斗墙丁字交接处,应分层相互砌通,并且在交接处砌成实心墙,有时需加半砖填心。

讲48:砌筑要点

1.弹线

(1)砌筑前,应在砌筑位置弹出墙边线和门窗洞口边线。

(2)防止基础墙与上部墙错台:基础砖摆底要正确,收退大放角两边要相等,退到墙身之前要检查轴线和边线是否正确,若偏差较小可在基础部位纠正,不得在防潮层以上退台或出沿。

2. 排砖

按照图纸确定的几眠几斗先进行排砖,先从转角或交接处开始向一侧排砖,内外墙应同时排砖,纵横方向交错搭砌。空斗墙在砌筑前必须进行试摆,不够整砖处,可加砌斗砖,不得砍凿斗砖。

排砖时,必须把立缝排匀,砌完一步架高度,每隔 2 m 间距在丁砖立楞处用托线板吊直弹线,二步架往上继续吊直弹粉线,由底往上所有七分头的长度应保持一致,上层分窗口位置时,必须同下窗口保持垂直。

3. 大角砌筑

空斗墙的外墙大角,须用普通砖砌成锯齿状与斗砖咬接。盘砌大角不宜过高,以不超过3 个斗砖为宜,新盘的大角,应及时进行吊、靠。若有偏差,要及时修整。盘角时,应仔细对照皮数杆的砖层和标高,控制好灰缝大小,使水平灰缝均匀一致。大角盘好后,应再复查一次,平整和垂直完全符合要求后,再挂线砌墙。

4. 挂线

砌筑必须双面挂线,若长墙几个人均使用一根通线,中间应设几个支线点,小线要拉紧,每层砖都要穿线看平,使水平缝均匀一致,并且平直通顺;砖墙两面平整,为下道工序控制抹灰厚度奠定基础。

5. 砌砖

(1)砌空斗墙宜采用满刀披灰法。

(2)在有眠空斗墙中,眠砖层和丁砖接触处,除两端外,其余部分不应填塞砂浆,如图2.84所示。空斗墙的空斗内不填砂浆,并且墙面不应有竖向通缝。

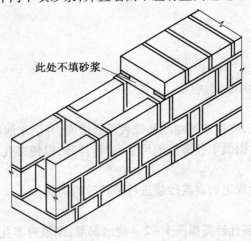

图 2.84 有眠空斗墙不填砂浆处

(3)砌砖时,砖要放平。里手高,墙面就要张;里手低,墙面就要背。

(4)砌砖一定要跟线,"上跟线,下跟棱,左右相邻要对平"。

(5)水平灰缝厚度和竖向灰缝宽度通常为 10 mm,但是不应小于 7 mm,也不应大于13 mm。在操作过程中,要认真进行自检,若出现偏差,应随时纠正,严禁事后砸墙。

(6)砌筑砂浆应随搅拌随使用,一般水泥砂浆必须在 3 h 内用完,水泥混合砂浆必须在4 h 内用完,不得使用过夜砂浆。

(7)砌清水墙应随砌随划缝,划缝深度为 8～10 mm,深浅一致,墙面应清扫干净。混水墙应随砌随将舌头灰刮尽。

（8）空斗墙应同时砌起，不得留槎。每天砌筑高度不应超过1.8 m。

6.预留孔洞

（1）空斗墙中留置的洞口，必须在砌筑时留出，严禁砌完后再进行砍凿。空斗墙上不得留脚手眼。

（2）木砖预埋时应小头在外，大头在内，数量应按洞口高度决定。洞口高在1.2 m以内，每边放2块；高为1.2~2 m，每边放3块；高为2~3 m，每边放4块，预埋木砖的部位通常在洞口上边或下边四皮砖，中间均匀分布。木砖要提前做好防腐处理。

（3）钢门窗安装的预留孔、硬架支模和暖卫管道，均应按照设计要求预留，不得事后剔凿。

7.安装过梁、梁垫

门窗过梁支撑处应用实心砖砌筑；安装过梁、梁垫时，其标高、位置和型号必须准确，并且坐浆饱满。若坐浆厚度超过2 cm，应用细石混凝土铺垫。过梁安装时，两端支撑点的长度应一致。

8.构造柱做法

设有构造柱的工程，在砌砖前，先按照设计图纸将构造柱位置进行弹线，并且把构造柱插筋处理顺直。砌砖墙时，与构造柱连接处砌成马牙槎，马牙槎处砌实心砖。每一个马牙槎沿高度方向的尺寸不宜超过30 cm。马牙槎应先退后进。拉结筋应按照设计要求放置，若设计无要求，通常沿墙高50 cm设置2根ϕ6水平拉结筋，每边深入墙内不应小于1 m。

2.7　多孔砖砌体施工

讲49：多孔砖施工

1.施工顺序
清整基面→排砖→砌筑→验收。

2.施工步骤

（1）清整基面。首先，应整理被砌的基础表面或楼面，并洒水润湿。

（2）排砖。依据设计图纸中各部位的尺寸，进行排砖，以使多孔砖的砌筑（或组砌）方法合理。

（3）砌筑。应用符合规定的砌筑砂浆进行多孔砖的砌筑。

3.施工注意事项

（1）在常温条件下，多孔砖需提前1~2 d浇水润湿，砌筑时多孔砖的含水率通常控制在10%~20%。

（2）砂浆、混凝土应机械搅拌，随拌随用。水泥砂浆与水泥混合砂浆必须分别在拌后3 h与4 h内用完；如果施工期间最高气温超过30℃，必须在2 h和3 h内用完。混凝土通常应在拌后1.5 h内浇注完。

（3）墙体砌筑前，应进行排砖。KP_1砖排砖同实心黏土砖；模数多孔砖应根据设计平面图及施工放线位置，按照排砖方法，试排满第一皮砖并确认妥当无误后，才能开始砌筑。

（4）砌体施工应设置皮数杆。根据设计要求、砖及灰缝的厚度，在皮数杆上标明皮数和竖向构造的变化部位，以控制竖向高程。

(5)砌体应内外搭砌、上下错缝。KP_1 砖应采用一顺一丁或梅花丁的砌筑形式;模数多孔砖需顺砌,即长边(190 mm)沿墙体边线,个别边角和构造柱部位可扭转90°。多孔砖必须竖砌(即多孔砖的孔垂直于地面),禁止卧砌。

(6)砌筑采用"三一一灌缝"砌砖法,即一铲灰、一块砖、一揉压,再增加一灌缝的动作,以确保竖向灰缝饱满度。灰缝应横平竖直,宽度通常为 10 mm,不应小于 8 mm 或大于 12 mm;砂浆应饱满,水平灰缝的砂浆饱满度不应小于80%。

(7)现场供砖须分规格按照比例同时配送。模数多孔砖零头可砍配砖 DMP 或锯切 DM_3、DM_4。KP1 砖"七分头"应选用"七分砖"或锯切整砖,不宜"砍砖",现场须准备无齿锯。

(8)构造柱部位应先砌墙后浇注。马牙槎应先放后收,柱脚处选择大断面。柱与墙体间按照规定设置拉结筋。包构造柱部位墙体应采取避免浇注混凝土时外鼓的措施。

(9)圈梁浇注采用硬架支模施工方法。安装横担、螺栓、钢筋套等孔洞应在砌筑时事先留出。支模前应在墙体顶面用砌筑砂抹浆一层 10 mm 厚砂浆层,以免浇注混凝土时灰浆跑入砖孔。

(10)浇注构造柱及圈梁混凝土前,应浇水湿润砌体和模板,并清除模板内的落地灰、砖渣等。

(11)除构造柱部位外,砌体的转角与交接处应同时砌筑。不能同时砌筑的临时间断处需砌成斜槎,模数多孔砖砌体长度不小于高度的 1/2;KP1 砖不小于 3/8。不同时砌筑又不留斜槎时,应引出阳槎,并按照规定放置拉结筋。

(12)砌体接槎时,应清理接槎表面,浇水湿润,填实砂浆,维持灰缝平直。

(13)砌体相邻工作段的高度差,不能超出一个楼层或 4 m;工作段的分段布置。宜选在构造缝或门窗口处。施工需要在墙中设置的临时洞口,其侧边距交接处的墙面不宜小于 500 mm,顶部应设过梁。

(14)设计要求的洞口、管道、沟槽、埋件等,应在砌筑时准确预留或预埋。电管宜随砌随埋,竖向暗管也可用开槽机,槽口尺寸不大于 60 mm×60 mm。密集处可砌成马牙槎并设置拉结筋,后补浇 C20 细石混凝土。不能临时剔凿大于 90 mm×90 mm 的孔洞,不得使用射钉或膨胀螺栓。

(15)基础应采用实心黏土砖或其他材料,禁止使用多孔砖。

(16)砌筑完每一楼层后,应校核砌体的轴线及标高,其偏差应控制在限值允许的范围内,并在圈梁顶面上校正。

(17)清水外墙施工应选择边角整齐、色泽均匀的砖砌筑。砌体外侧应保持平直整洁,且随砌随剔出 10～15 mm 深的缝槽。勾缝前需清理墙面,洒水湿润,修补缺棱掉角部位,补砌脚手眼。勾缝砂浆采用细砂拌制水泥砂浆,配比 1:1.5。勾缝应横平竖直、深浅一致、搭接平整并压实抹光。凹缝深度通常为 4～5 mm,砖孔不得外露。

(18)雨天施工应预防雨水冲刷砂浆,砂浆稠度应适当减小,每日砌筑高度不宜超过 1.2 m,收工时应用防雨材料覆盖新砌砌体。冬季施工应符合关于冬季施工的规定。

讲50:多孔砖墙体特殊部位的节点结构

1. KP_1 型多孔砖墙体

(1)勒脚。KP_1 型多孔砖墙体的勒脚砖结构如图 2.85 所示。

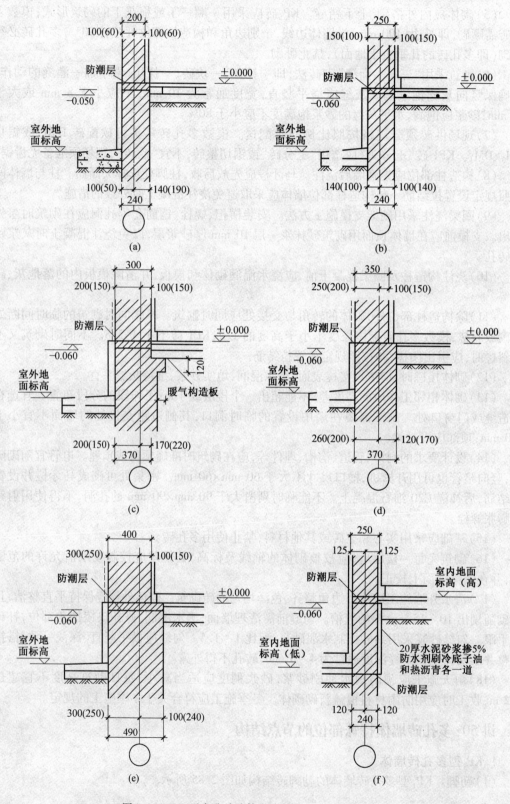

图2.85　KP₁型多孔砖墙体勒脚结构(一)(单位：mm)

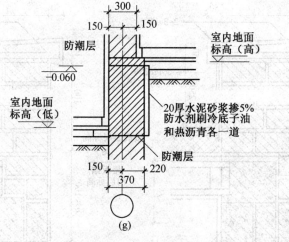

图 2.85　KP₁型多孔砖墙体勒脚结构(二)(单位：mm)

注：1. 墙身轴线定位用标志尺寸，外墙括号外尺寸用于板平圈梁定位，括号内尺寸用于板底圈梁或无圈梁定位，内墙均中分。

2. ±0.000 以上用多孔砖，以下用普通实心砖砌筑。

3. 防潮层用 20 厚 1∶2 水泥砂浆砌筑，掺 5% 防水剂。

4. 图中(e)、(f)为室内地面标高不同时的防潮层做法。

(2)承重墙及女儿墙。KP₁型多孔砖承重墙及女儿墙结构，如图 2.86 所示。

表 2.2　KP₁型多孔砖承重墙及女儿墙结构图中 A、B、C 尺寸

A	190	240	290	340	390
B	140	190	190	240	290
C	50	50	100	100	100

注：1. 图中有关尺寸见表 2.2。

2. h 为楼面面层构造厚度，H_1、H_2 为圈梁高度，h 厚度大于 20 时，用 C20 细石混凝土浇筑，当 h 有两个以上厚度尺寸时，以最大厚度面取值。

(3)构造柱与建筑结构的连接。KP₁型多孔砖墙体构造柱与建筑结构的连接，如图 2.87 所示。

(4)构造柱拉结筋的配置。KP₁型多孔砖墙体构造柱拉结筋的配置，如图 2.88 所示。

(5)墙体拉结筋的设置。KP₁型多孔砖墙体拉结筋的设置，如图 2.89 所示。

(6)圈梁钢筋搭接及板缝配筋。KP₁型多孔砖墙体圈梁钢筋搭接及板缝的配筋，如图 2.90 所示。

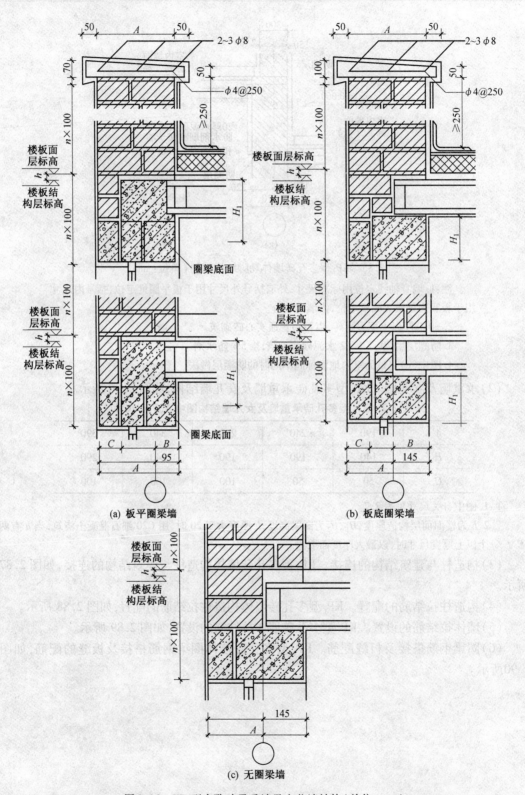

图 2.86　KP₁型多孔砖承重墙及女儿墙结构(单位：mm)

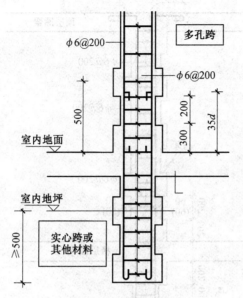

(a) 构造柱与基础的连接之一

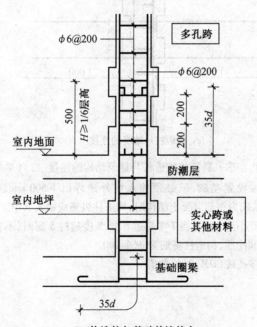

(b) 构造柱与基础的连接之二

图 2.87 KP₁型多孔砖墙体构造柱与建筑结构的连接(一)(单位：mm)

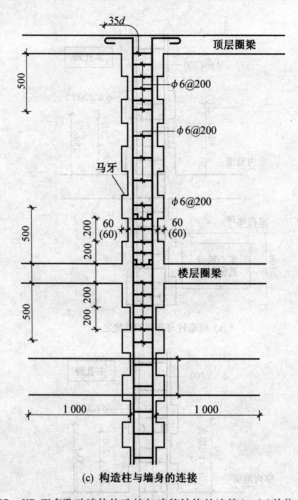

(c) 构造柱与墙身的连接

图 2.87　KP₁ 型多孔砖墙体构造柱与建筑结构的连接(二)(单位: mm)

注:1. 构造柱可不单独设置基础,但必须伸入室外地坪以下 500 mm,或伸入室外地坪以下 500 mm 以内的地梁中,当基础为钢筋混凝土结构时,构造柱纵筋应锚入其中。

2. 构造柱纵向钢筋不宜小于 4ϕ12,当 7 度超过 6 层,8 度超过 5 层时,不宜小于 4ϕ14,房屋四周的构造柱可适当加大截面和配筋,构造柱箍筋为 ϕ6@200。

3. 括号内数据为模数多孔砖(DM)时的数值。

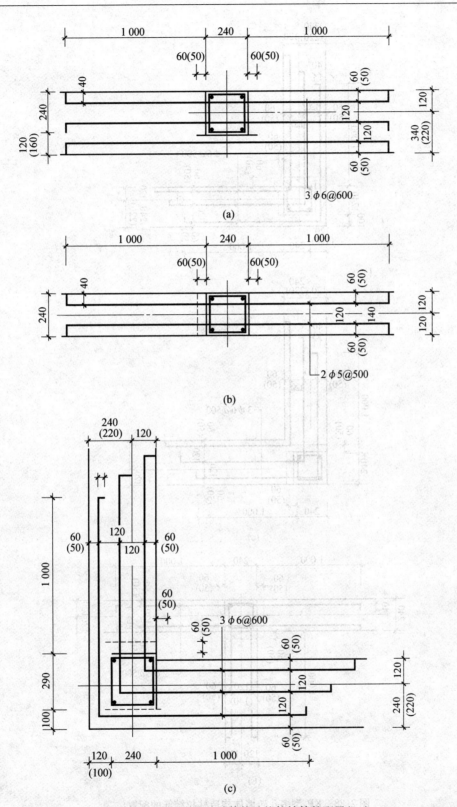

图 2.88 KP₁ 型多孔砖墙体构造柱拉结筋的配置(一)

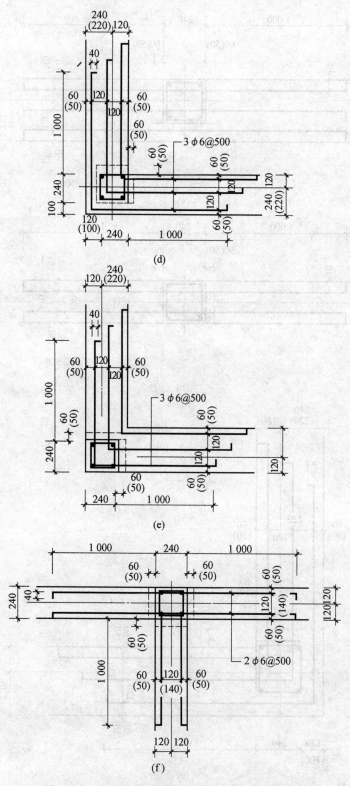

图 2.88　KP₁型多孔砖墙体构造柱拉结筋的配置(二)

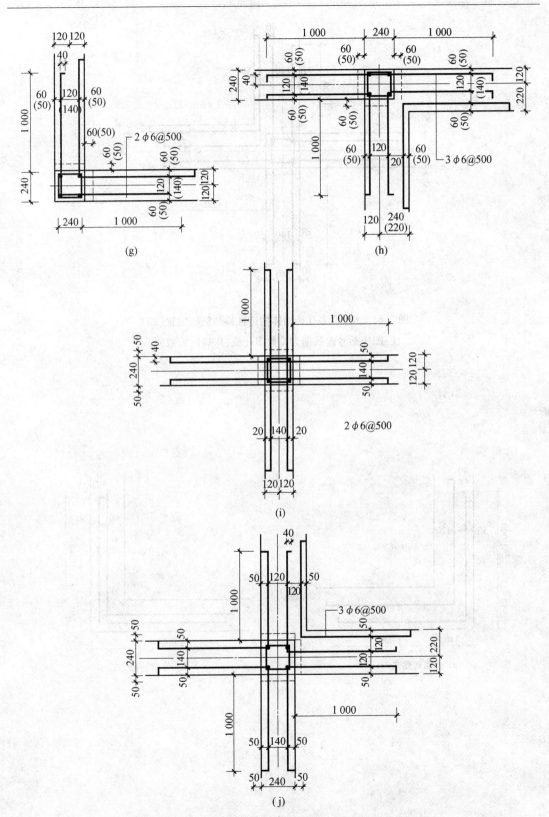

图 2.88　KP₁型多孔砖墙体构造柱拉结筋的配置(三)

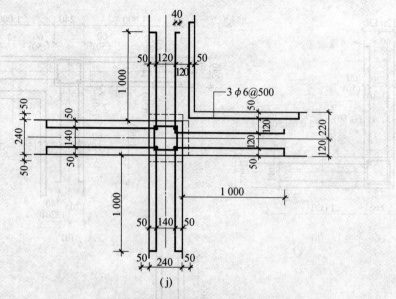

(j)

图 2.88　KP₁ 型多孔砖墙体构造柱拉结筋的配置(四)

注:图中括号内数据为模数多孔砖(DM)时的数值。

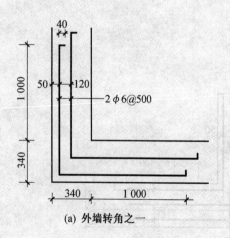

(a) 外墙转角之一

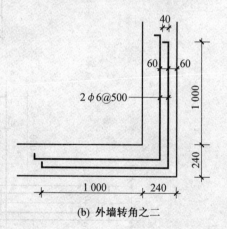

(b) 外墙转角之二

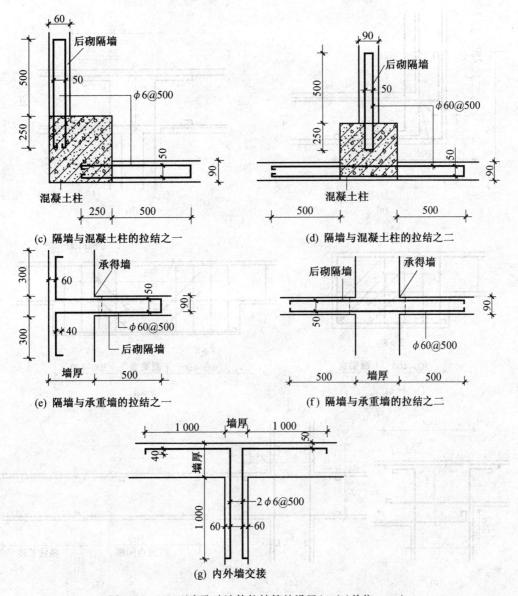

图 2.89　KP₁型多孔砖墙体拉结筋的设置(一)(单位：mm)

注：1.7 度时层高大于 3.6 m，或长度大于 7.2 m 的大房间及 8 度时，外墙转角及内外墙交接处，当未设构造柱时，应沿墙高配置 2φ6@500 的拉结筋，每边伸入墙内不小于 1 m，或置于门窗洞口边。

2.8 度时顶层楼梯间横墙和外墙宜沿高度设置 2φ6@500 通长度。

3.后砌隔墙沿高度设置 2φ6@500 拉结筋与承重墙或混凝土柱拉结，每边伸入墙内不小于 500,8 度时长度大于 5.1 m 的隔墙顶应与楼板或梁拉结。

4.墙体配筋应从室内地面 500 高度处设置。

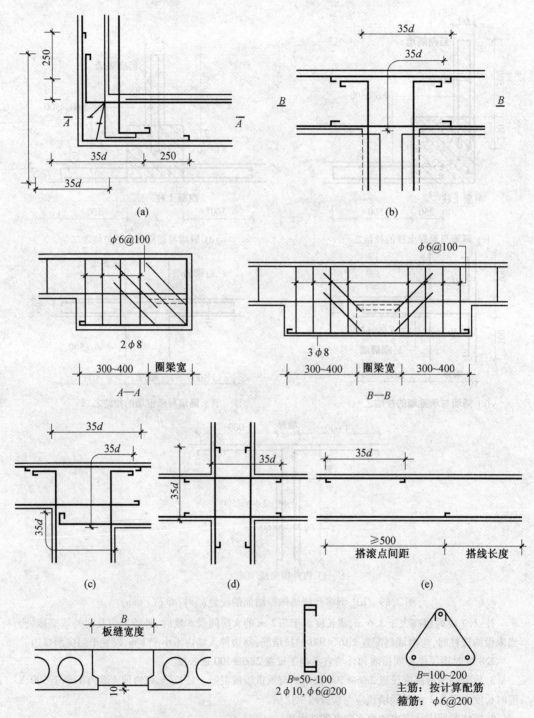

图2.90　KP₁型多孔砖墙体圈梁钢筋搭接及板缝配筋(单位:mm)

注:板缝混凝土强度等级为C20,当板缝宽度小于100 mm时,采用细石混凝土浇筑。

2. DM型多孔砖墙体

(1)勒脚。DM型多孔砖墙体的勒脚结构,如图2.91所示。

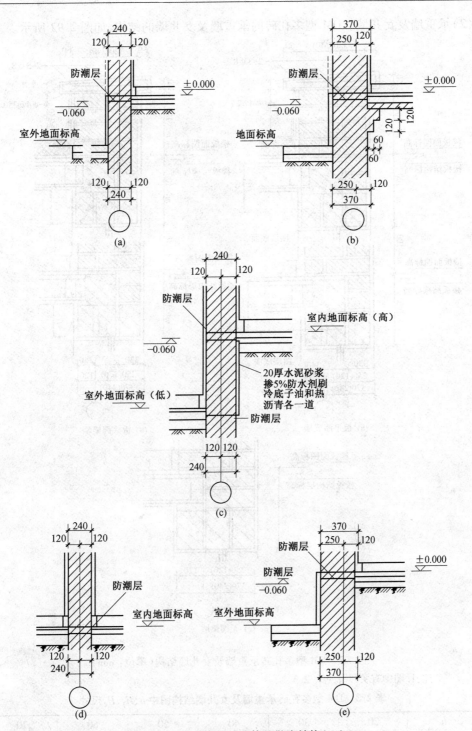

图 2.91 DM 型多孔砖墙体的勒脚结构(一)

注:1. ±0.000 以上用多孔砖,以下用普通实心砖砌筑。

2. 防潮层用 20 厚 1:2 水泥砂浆掺 5% 防水剂。

3. 图(d)为室内地坪标高不同时的防潮层做法。

（2）承重墙及女儿墙。DM 型多孔砖的承重墙及女儿墙的结构，如图2.92 所示。

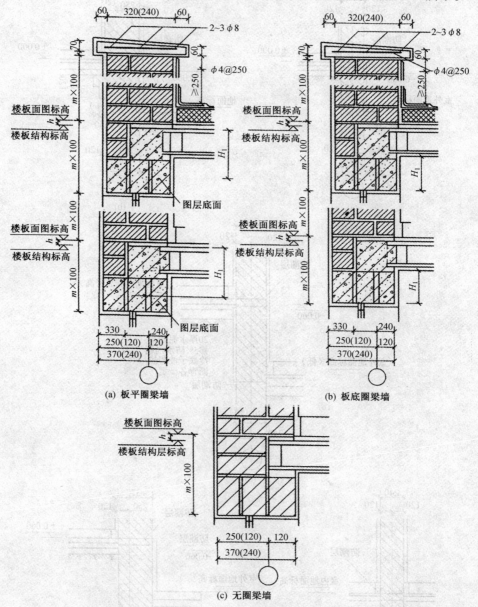

图2.92　DM 型多孔砖承重墙及女儿墙结构（单位：mm）

注：1. 图中有关尺寸见表2.3。

表2.3　DM 型多孔砖承重墙及女儿墙结构图中 h、H_1、H_2 尺寸

h	20	30	40	50	60	70
H_1	270	260	250	240	220	200
H_2	240	230	220	210	190	170

2. h 为楼面面层构造厚度，H_1、H_2 为圈梁高度，h 厚度大于 20 时，用 C20 细石混凝土浇筑，当 h 有两个以上厚度尺寸时，以最大厚度面取值。

（3）构造柱与结构的连接。DM 型多孔砖的构造柱与结构的连接,见图 2.93。

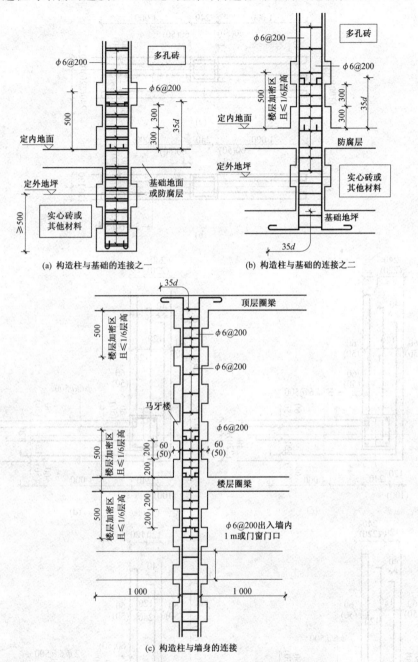

图 2.93　DM 型多孔砖构造柱与建筑结构的拉结

注:1. 构造柱可不单独设置基础,但必须伸入室外地坪以下 500 mm,或伸入室外地坪以下 500 mm 以内的地梁中,当基础为钢筋混凝土结构时,构造柱纵筋应锚入其中。

2. 构造柱纵向钢筋不宜小于 $4\phi12$,当 7 度超过 6 层,8 度超过 5 层时,不宜小于 $4\phi14$,房屋四周的构造柱可适当加大截面和配筋,构造柱箍筋为 $\phi6@200$。

3. 括号内数据为模数多孔砖(DM)时的数值。

（4）构造柱拉结筋的配置。DM 型多孔砖构造柱拉结筋的配置,如图2.94 所示。

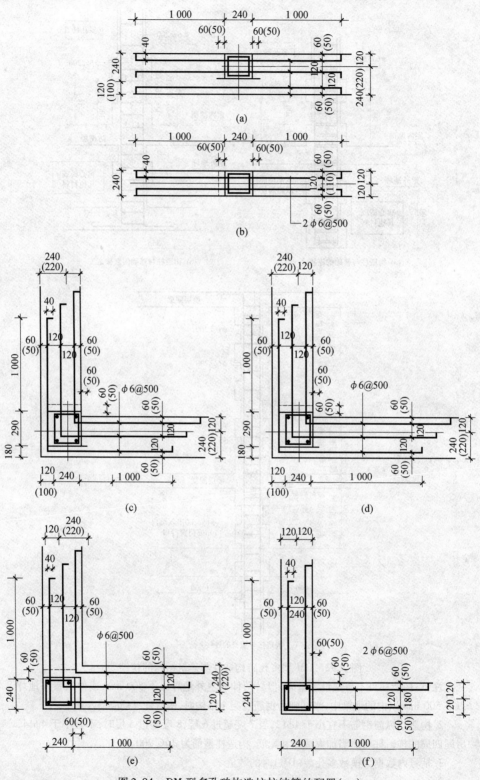

图2.94　DM 型多孔砖构造柱拉结筋的配置(一)

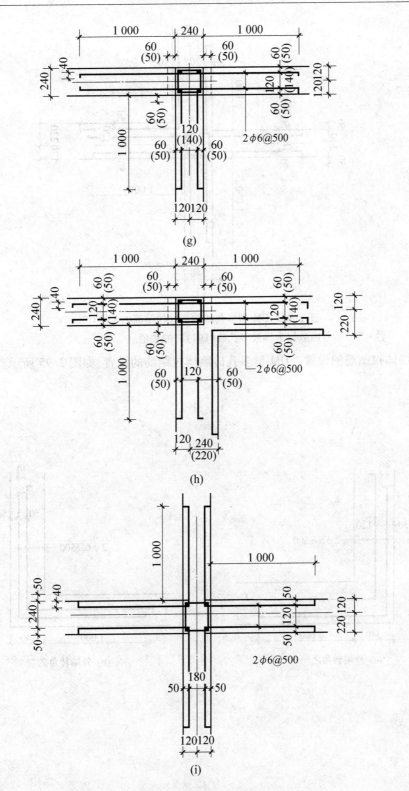

图 2.94　DM 型多孔砖构造柱拉结筋的配置(二)

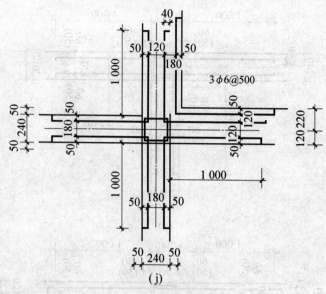

(j)

图2.94 DM型多孔砖构造柱拉结筋的配置(三)

注:图中括号内数据为模数多孔砖(DM)时的数值。

(5)墙体拉结筋的设置。DM型多孔砖墙体拉结筋的设置,如图2.95所示。

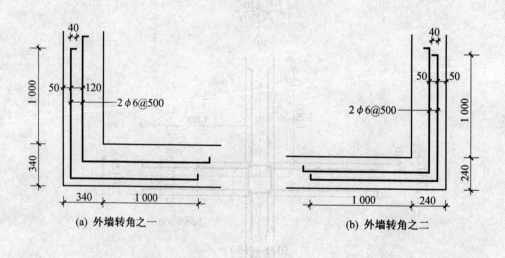

(a) 外墙转角之一   (b) 外墙转角之二

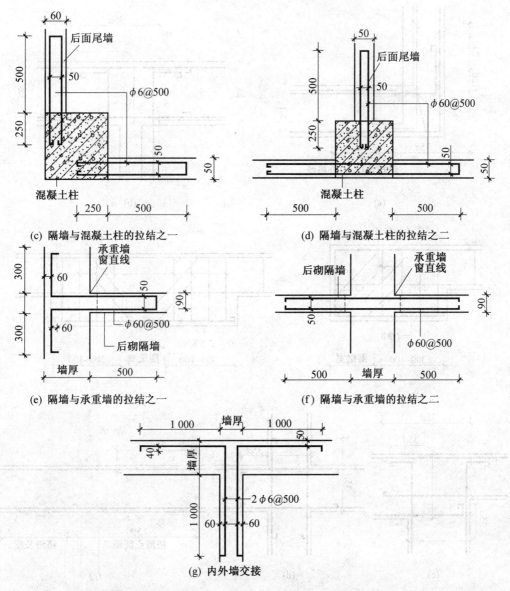

图 2.95　DM 型多孔砖墙体拉结筋的设置(单位：mm)

　　注：1.7 度时层高大于 3.6 m，或长度大于 7.2 m 的大房间及 8 度时，外墙转角及内外墙交接处，当未设构造柱时，应沿墙高配置 2ϕ6@500 的拉结筋，每边伸入墙内不小于 1 m，或置于门窗洞口边。

　　2.8 度时顶层楼梯间横墙和外墙宜沿高度设置 2ϕ6@500 通长度。

　　3.后砌隔墙沿高度设置 2ϕ6@500 拉结筋与承重墙或混凝土柱拉结，每边伸入墙内不小于 500，8 度时长度大于 5.1 m 的隔墙顶应与楼板或梁拉结。

　　4.墙体配筋应从室内地面 500 高度处设置。

　　(6)圈梁钢筋搭接及板缝配筋。DM 型多孔砖墙体圈梁钢筋搭接及板缝配筋见图 2.96。

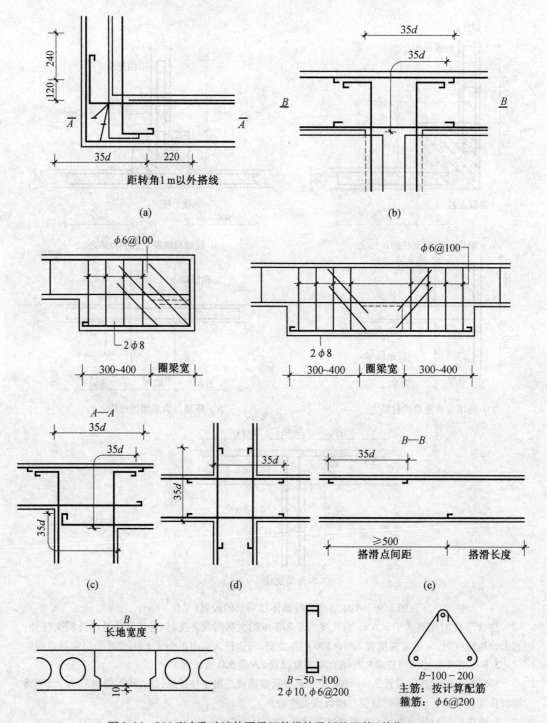

图2.96 DM型多孔砖墙体圈梁钢筋搭接及板缝配筋(单位:mm)

注:板缝混凝土强度等级为C20,当板缝宽度小于100 mm时,采用细石混凝土浇筑。

2.8 空心砖砌体施工

讲51:空心砖施工

1.施工顺序

空心砖的施工顺序如下:

清整基面→排砖→砌筑→验收。

2.施工步骤

(1)清整基面。首先,应清理平整被砌的基础表面或楼面,并洒水润湿。

(2)排砖。根据设计图纸中各部位的尺寸,进行排砖,使得空心砖的砌筑方法合理。

(3)砌筑。使用符合规定的砂浆进行砌筑。

3.施工注意事项

(1)空心砖必须在砌筑前 1 d 浇水湿润。砌筑要采用不低于 M5 的砌筑砂浆,灰缝砂浆要饱满。

(2)空心砖要上下错缝砌筑,不能有通缝。在墙的转角、门窗洞口等部位,要采用多孔匹配砌筑或将空心砖锯切使用,禁止将空心砖敲打成半砖或七分砖使用。

(3)空心砖墙体的各种水电暗管、沟槽、洞口和门窗洞口的埋件及建筑配件的位置需准确,并应在砌筑时预埋或预留,不能在墙体砌筑完以后再进行剔凿。

讲52:特殊部位的节点结构

1.墙体的排砖结构

空心砖墙体的排砖结构如图 2.97 所示。

2.墙体与屋盖、楼盖构件的连接

空心砖墙体与屋盖、楼盖的连接如图 2.98 所示。

3.门窗框的固定

(1)无抱框墙体。空心砖无抱框墙体门窗框安装固定的节点结构如图 2.99 所示。

(2)有抱框墙体。空心砖有抱框墙体门框安装固定的节点结构如图 2.100 所示。

4.电线暗管的设置

空心砖墙体中电线暗管的设置如图 2.101 所示。

5.设备的安装固定

空心砖墙体的设备安装固定如图 2.102 所示。

6.墙体与柱的连接

空心砖墙体与柱的连接如图 2.103 所示。

7.墙体拉结筋的设置

空心砖墙体拉结筋的设置如图 2.104 所示。

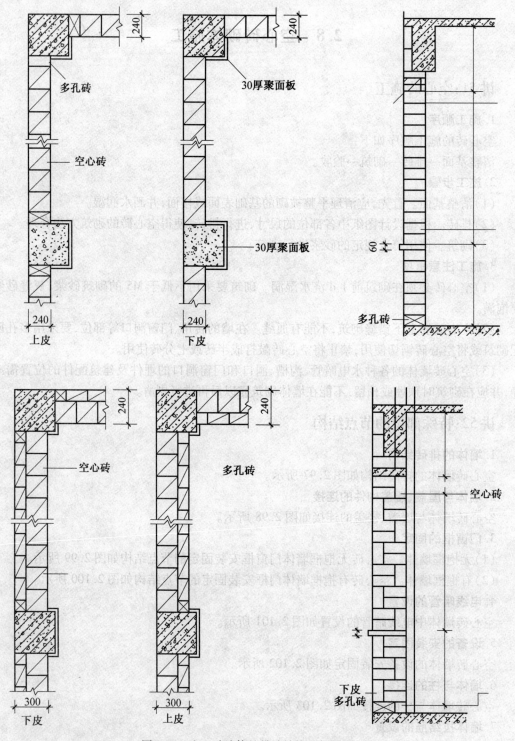

多孔砖

空心砖

30厚聚面板

30厚聚面板

空心砖

多孔砖

多孔砖

空心砖

下皮
多孔砖

上皮

下皮

下皮

上皮

图 2.97　空心砖墙体的排砖结构(单位:mm)

注:1.380 mm厚空心砖墙为两平一侧砌法,两层平砌砖上下层半错峰,靠柱子砌一块多孔砖。

2.本图所示空心砖排列平面,是以多孔砖砌筑的墙最底皮的上一皮砖为下皮。

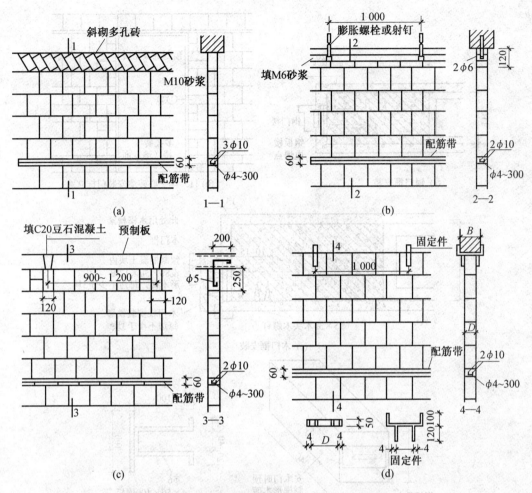

图 2.98　空心砖墙体与晨盖、楼盖构件的连接

注:1.本图所提供的墙与楼、屋盖四种连接做法,工程上可选用其中之一。

2.8 度抗震设防当空心砖填充墙的长度超过 5.1 m 时,不得采用斜砌砖。

3.空心砖墙顶部斜砌多孔砖,必须逐块敲紧挤实,填满砂浆。

4.加胀锚螺栓固定沿墙顶设 2ϕ6 钢筋与胀锚螺栓绑扎在一起再用砂浆填满挤实。

5.采用预制板缝加筋方法连接。填豆石混凝土处墙局部改砌多孔砖,不得凿空心砖。

6.图中 B、D 的具体尺寸按工程设计。

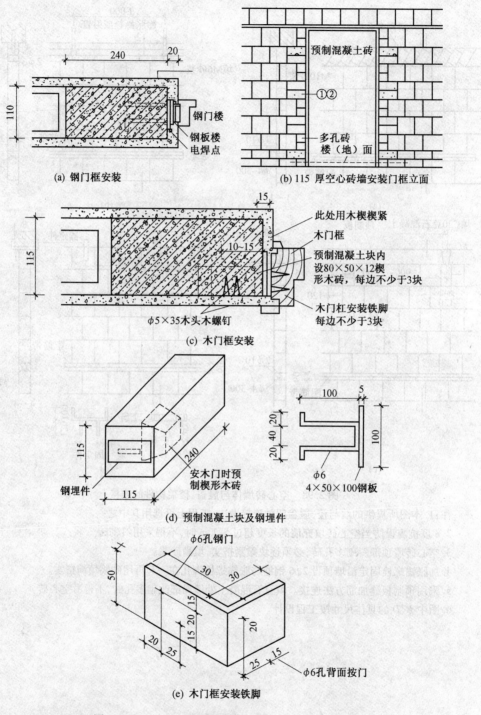

(a) 钢门框安装

(b) 115厚空心砖墙安装门框立面

(c) 木门框安装

(d) 预制混凝土块及钢埋件

(e) 木门框安装铁脚

图2.99　空心砖无抱框墙体的门框固定(单位:mm)

注:1. 木门框安装采用预制混凝土块内预留木砖的做法。

2. 楼地面层厚度按工程设计。

3. 混凝土块:C20

4. 钢门框安装在预制混凝土块内加钢埋件焊接。

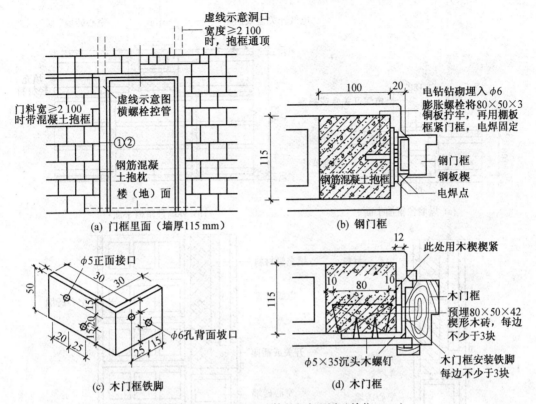

图 2.100 空心砖有抱框墙体的门框固定(单位:mm)

注:1. 木门框安装采用预埋木砖的做法,施工应注意在浇筑抱框时预埋。

2. 钢门框安装采用电钻钻眼埋入膨胀螺栓固定钢板后焊接门框。

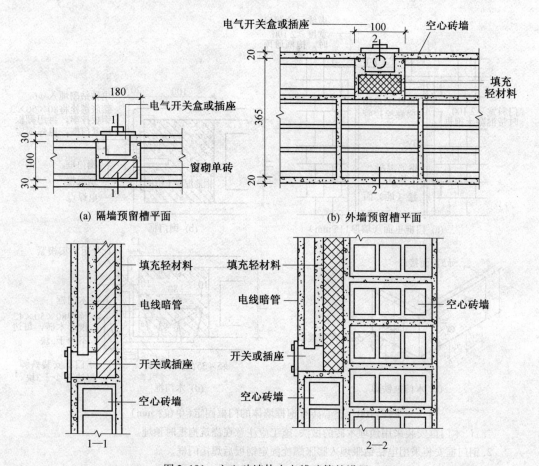

(a) 隔墙预留槽平面　　　　　(b) 外墙预留槽平面

图 2.101　空心砖墙体中电线暗管的设置

注:1.空心砖墙砌体的砖孔水平方向砌筑,管道沟槽不能剔凿,应当预留。

2.电线暗管竖向应预留,水平方向暗管可走在空心砖孔内。

3.电线暗管如不能预留必须剔凿墙时,在走管部位要砌筑不小于 115 mm×115 mm 多孔砖,以备在此剔凿。

4.电线暗管和电气开关或插座用 1∶3 水泥砂浆固定。

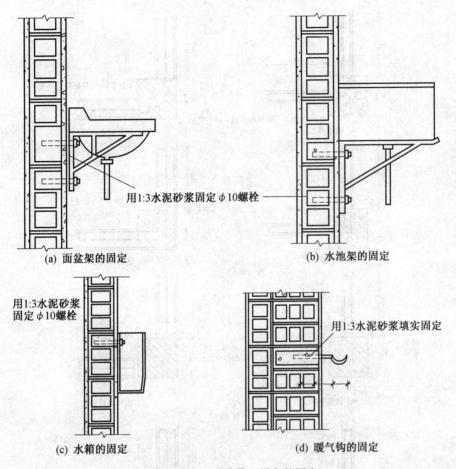

(a) 面盆架的固定　　　　　　　　　　(b) 水池架的固定

(c) 水箱的固定　　　　　　　　　　(d) 暖气钩的固定

图 2.102　空心砖墙体上设备的固定

注:根据设备安装的位置,在空心砖墙上,用电钻钻孔,将螺栓或埋件用1∶3水泥砂浆固定。

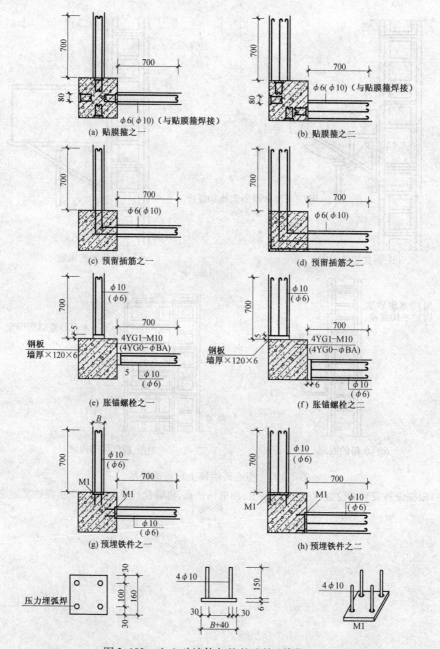

图 2.103　空心砖墙体与柱的连接(单位: mm)

注: 1. 框架柱与空心砖填充墙的拉结, 采用贴膜箍、预留插筋、胀锚螺栓、预埋铁件 4 种构造做法, 供选择使用。预留或钻孔的位置在空心砖墙拉结筋或配筋带处。

2. 柱与空心砖墙拉结筋的预留钢筋为 $2\phi6$, 墙厚大于 240 mm 时, 为 $3\phi6$。配筋带的预留钢筋为 $2\phi10$, 墙厚大于 240 mm 时, 为 $3\phi10$。

3. 贴膜钢筋直径根据设计确定, 但与配筋带的钢筋焊接时, 其钢筋不能小于 $\phi10$, 焊缝高度 6 mm。

4. 胀锚螺栓拉结做法是将拉结筋焊接在钢板上(可预先与钢板焊接), 钢板用胀锚螺栓固定在框架柱上。

5. 预埋铁件拉结做法是在浇筑框架柱时预埋铁件, 后焊接拉结钢筋。

6. 胀锚螺栓线上用于与 $\phi10$ 钢筋焊接, 线下与 $\phi6$ 钢筋焊接。

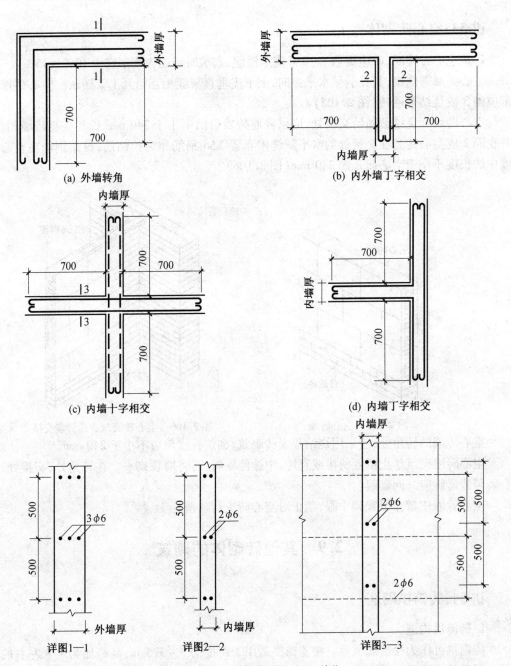

(a) 外墙转角　　　　　　(b) 内外墙丁字相交

(c) 内墙十字相交　　　　　　(d) 内墙丁字相交

详图1—1　　　　详图2—2　　　　详图3—3

图2.104　空心砖墙体拉结筋的设置(单位:mm)

注:1. 空心砖墙填充墙交接处拉结配筋为 $2\phi6$,当墙厚大于 240 mm 时,为 $3\phi6$,沿墙高间距 500 mm配置。

2. 十字相交处拉结筋,交替砌于上下两皮砖缝内,空心砖填充墙交接处拉结筋伸入墙内长度,由设计按抗震要求确定。但最小不少于 700 mm, $\phi6$ 拉结筋搭接长度不小于 300 mm。

讲53:空心砖砌体施工

砌筑空心砖墙时,砖应提前1~2 d浇水浸湿,砌筑时砖的含水率宜为10%~15%。

空心砖墙需侧砌,其孔洞呈水平方向,上下皮垂直灰缝相互错开1/2砖长。空心砖墙底部应砌3皮烧结普通砖(图2.105)。

空心砖墙和烧结普通砖交接处,应以普通砖墙引出不小于240 mm长和空心砖墙相接,并在隔2皮空心砖高在交接处的水平灰缝中布置$2\phi6$钢筋作为拉结筋,拉结钢筋在空心砖墙中的长度不小于空心砖长加240 mm(图2.106)。

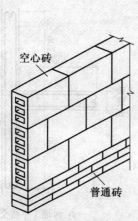

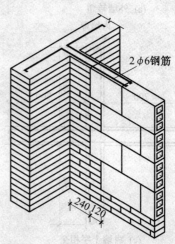

图2.105　空心砖墙　　　　　　图2.106　空心砖墙与普通砖墙交接

空心砖墙的转角处,应采用烧结普通砖砌筑,砌筑长度角边不小于240 mm。

空心砖墙砌筑禁止留置斜槎或直槎,中途停歇时,需将墙顶砌平。在转角处、交接处,空心砖与普通砖应一同砌起。

空心砖墙中禁止留置脚手眼,禁止对空心砖进行砍凿。

2.9　其他砖砌体的砌筑

讲54:砖筒拱砌筑

1.砖筒拱构造

砖筒拱可作为楼盖或屋盖。楼盖筒拱适用于跨度为3~3.3 m,高跨比为1/8左右的楼盖。屋盖筒拱适用于跨度为3~3.6 m,高跨比为1/8~1/5的屋盖。筒拱厚度通常为半砖。筒拱所用的普通砖强度等级不低于MU10,砂浆强度等级不低于M5。

屋盖筒拱的外墙,在拱脚处应设置钢筋混凝土圈梁,圈梁上的斜面应与拱脚斜度相吻合;也可在拱脚处外墙中设置钢筋砖圈带,钢筋直径不小于8 mm,至少3根,并且设置钢拉杆,在拱脚下8皮砖应用M5砂浆砌筑,如图2.107所示。

屋盖筒拱内墙,在拱脚处应使用墙砌丁砖层挑出,至少4皮砖,砂浆强度等级不低于M5,两边拱体从挑层上台阶处砌起,如图2.108所示。

若房间开间大,中间无内墙时,屋盖筒拱可支撑在钢筋混凝土梁上,梁的两侧应留有斜

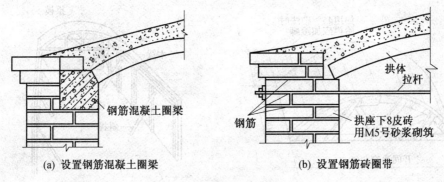

(a) 设置钢筋混凝土圈梁　　　　　　　(b) 设置钢筋砖圈带

图 2.107　屋盖筒拱外墙构造

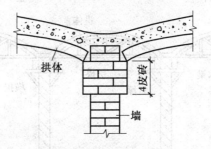

图 2.108　屋盖筒拱内墙构造

面,拱体从斜面处砌起,如图 2.109 所示。

楼盖筒拱在外墙、内墙以及梁上的支撑方法与屋盖筒拱基本相同,多采用在墙内设置钢筋混凝土圈梁以支撑拱体,如图 2.110 所示。

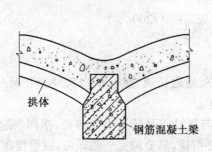

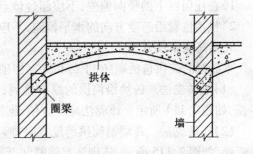

图 2.109　屋盖筒拱支于梁上　　　　　　图 2.110　楼盖筒拱支撑构造

2.砖筒拱模板支设

砖筒拱砌筑前,应根据筒拱的各部分尺寸制作模板。模板长度为 600～1 000 mm,模板宽度比开间净空少 100 mm,模板起拱高度超高为拱跨的 1%,如图 2.111 所示。

筒拱模板包括两种支设方法:

(1)沿纵墙各立一排立柱,立柱上钉木梁,立柱用斜撑稳定,拱模支设在木梁上,拱模下垫木楔,如图 2.112 所示;

(2)在拱脚下 4～5 皮砖的墙上,每隔 0.8～1.0 m 穿透墙体放一横担,横担下加斜撑,横担上放置木梁,拱模支设在木梁上,拱模下垫木楔,如图 2.113 所示。

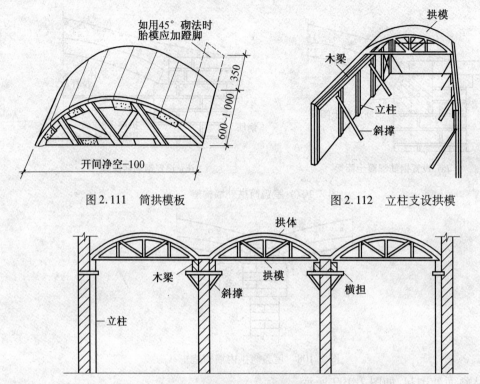

图 2.111　筒拱模板　　　　　　图 2.112　立柱支设拱模

图 2.113　横担支设拱模

筒拱模板安装尺寸的允许偏差,不得超过下列数值:

1)在任何点上的竖向偏差,不应超过该点拱高的 1/200。

2)拱顶位置沿跨度方向的水平偏差,不应超过矢高的 1/200。

3.砖筒拱砌筑方法

半砖厚的筒拱包括顺砖、丁砖和八字槎砌法。

(1)顺砖砌法。砖块沿筒拱的纵向排列,纵向灰缝通长成直线,横向灰缝相互错开 1/2 砖长,如图 2.114 所示。该砌法施工方便,砌筑简单。

(2)丁砖砌法。砖块沿筒拱跨度方向排列,纵向灰缝相互错开 1/2 砖长,横向灰缝通长成弧形,如图 2.115 所示,该砌法在临时间断处不必留槎,只要砌完一圈即可,以后接砌。

(3)八字槎砌法。八字槎砌法由一端向另一端退着砌,砌筑时,使两边长些,中间短些,形成八字槎,砌至另一端时,填满八字槎缺口,在中间合拢,如图 2.116 所示,该砌法咬槎严密,接头平整,整体性好,但是需要较多的拱模。

4.砖筒拱施工要点

(1)拱脚上面 4 皮砖和拱脚下面 6～7 皮砖的墙体部分,只有砂浆强度达到设计强度的 50% 以上时,才可砌筑筒拱。

(2)砌筑筒拱应自两侧拱脚同时向拱冠砌筑,并且中间 1 块砖必须塞紧。

(3)多跨连续筒拱的相邻各跨,若不能同时施工,应采取抵消横向推力的措施。

(4)拱体灰缝应全部用砂浆填满,并且拱底灰缝宽度宜为 5～8 mm。

(5)拱座斜面应与筒拱轴线垂直,筒拱的纵向缝应与拱的横断面垂直。

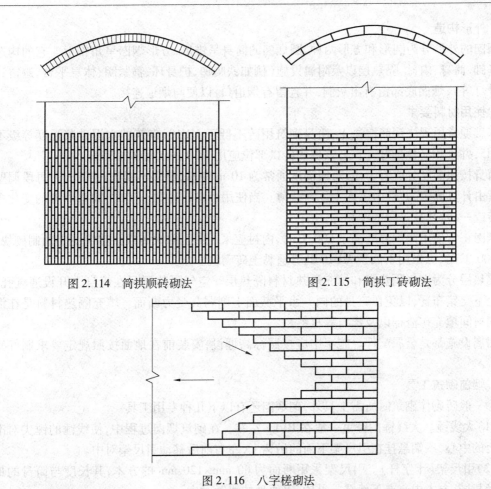

图 2.114　筒拱顺砖砌法　　　　　图 2.115　筒拱丁砖砌法

图 2.116　八字槎砌法

（6）筒拱的纵向两端，通常不应砌入墙内，其两端与墙面接触的缝隙，应用砂浆填塞。

（7）穿过筒拱的洞口应在砌筑时留出，其加固环应与周围砌体紧密结合，已砌完的拱体不得任意凿洞。

（8）筒拱砌完后，应进行养护，养护期内应防止冲刷、冲击和振动。

（9）筒拱的模板，在保证横向推力不产生有害影响的条件下，方可拆除。拆移时，应先使模板均匀下降 5～20 cm，并且对拱体进行检查。有拉杆的筒拱，应在拆移模板前，将拉杆按照设计要求拉紧。同跨内各根拉杆的拉力应均匀。

（10）在整个施工过程中，拱体应均匀受荷。当筒拱的砂浆强度达到设计强度的 70% 以上时，方可在已拆模的筒拱上铺设楼面或屋面材料。

讲 55：烟囱、烟道砌筑

烟囱和烟道是工业生产中排除烟、气和灰的构筑物。它的高度通常为 45～60 m，较大的圆形烟囱也有高达 100 m 的，但是 80 m 以上多采用钢筋混凝土材料。

烟囱因为其结构断面小，高度很大，与其他建筑在结构上和构造上不发生联系，具有独立、高耸的特点，所以对烟囱的砌筑方法、使用材料的性能和工具均与一般砖砌体不同。

1. 外形构造

烟囱的外形分为圆形和方形两种,圆烟囱的筒身呈锥形,方形烟囱呈角锥形。它的构造包括基础、筒身、内衬、隔热层以及附属设施(例如铁爬梯、护身环、箍紧圈、休息平台、避雷针和信号灯等),烟囱底部留有出灰洞,并且留有烟道口,以便与烟道连接。

2. 使用材料要求

基础通常用现浇钢筋混凝土;筒身砌筑用砖不低于 MU10;砌筑的水泥砂浆强度等级不低于 M5,并且和易性良好。预埋铁件和砖拱部位应用 M10 的水泥砂浆砌筑。

筒身按照高度分成若干段,每段高度通常为 10 m 左右,最多不得超过 15 m。每段洞壁的厚度由计算确定,并且由下而上逐渐减薄。当使用标准普通黏土砖时,筒壁厚度的变化多为半砖或一砖,并且每段壁厚相等。

烟囱正常使用筒内温度高于 500 ℃时,内衬应采用黏土耐火砖或耐热混凝土预制砌块;低于 500 ℃时,可采用不低于 MU10 的普通黏土砖砌筑。

隔热层分为空气隔热层和填充隔热材料隔热层。空气隔热层可在筒身上开设通气孔,并且上下交错布置,以免在筒身的同一水平截面上削弱其受力断面。填充隔热材料是在筒身与内衬间填充矿渣棉以及蛭石等材料。

附属设施都是金属配件。施工中应按照标高埋设,安装前在地面按照规定要求刷好防锈漆。

3. 烟囱砌筑工具

除一般砖砌体砌筑时所需工具外,砌烟囱还有以下几种专用工具:

(1)大线锤。大线锤的锤重一般在 10 kg 左右。在砌筑烟囱过程中,使线锤的锤尖对准基础上的中心,一端悬挂在引尺架下面的吊钩上,左右前后移动引尺架对中。

(2)引尺架(十字杆)。引尺架采用断面为 60 mm×120 mm 的方木,其长度与筒身的最大外径相同,方木中心点下面有一吊钩,以便悬挂线锤对中。

(3)引尺。引尺又称轮圆杆,尺上刻有烟囱身最大及最小外径以及每砌半米高外壁收分后的直径尺寸,尺的一端套在引尺架中心上,并且以此为圆心,当烟囱每砌 0.5 m 高,引尺绕圆心回转筒身一圈测量一次烟囱是否圆形,若发现误差,必须逐步调整纠正。检查一次,涂去一格。测量时必须知道已砌筒身的标高和半径,以便心中有数。

(4)坡度靠尺板。坡度靠尺板又称伸势托线板,检查烟囱外壁收分坡度用。

(5)铁水平尺。铁水平尺用来检查烟囱水平。

4. 圆烟囱砌筑中的各项控制

(1)定位和竖直中心轴线的控制。在钢筋混凝土基础底板浇捣完毕尚未凝固时,将烟囱基坑两对互相垂直的龙门板用经纬仪校核无误后,用小线拉紧相对两龙门板上中点处,相交点即为烟囱的中心点。将该交叉点用线锤垂直投影到混凝土基础底板面上,并且对准该点预埋铁件。在混凝土凝固后,校核一次并且用铅油标出中心点位置。

烟囱在砌筑过程中,每砌高 0.5 m(约 8 皮砖)校核中心轴线一次,其方法如下:

1)在砌筑的上口安装引尺架;

2)引尺架吊钩挂大线锤,移动引尺架使锤尖对准中心点;

3)套上引尺,根据烟囱高度和相应的直径,引尺绕中心一周,观察收分后引尺的刻度是否与实砌烟囱上口圆周符合,即可判断出烟囱身中心偏离误差值。

（2）烟囱标高的控制。烟囱基础砌出地面后,用水准仪在砌体外壁定出±0.000标高,并且用红铅油做出记号。以后每砌高5 m或筒壁厚度变更时,用钢尺从±0.000起垂直往上量出各点标高,并且用铅油标明。烟囱附属设施的埋设、腰线、挑檐和通气孔的设置,都以此点为准。

（3）烟囱垂直度的控制。烟囱的筒壁在构造上都有收分,通常收分坡度为1.5% ~ 2.5%（沿垂直向上方向,每升高1 m,每侧向内收1.5 ~ 2.5 cm,即半径减少1.5 ~ 2.5 cm）。保证烟囱垂直度符合规定的要求,砌筑过程中要用坡度靠尺板（托线板）来检查。用于砌烟囱的托线板,按照坡度加工成坡度托线板。若烟囱坡度为2.5%,用长1.5 m的托线板,则应制成如图2.117所示的尺寸。使用时,将坡度托线板贴于烟囱外壁,若线锤的小线正对准托线板上的墨线,说明烟囱垂直度是正确的;若坡度大,则线锤偏离墨线向里;若坡度小,则线锤偏离墨线向外,以此校正砌筑时烟囱身偏离的误差,如图2.117所示。

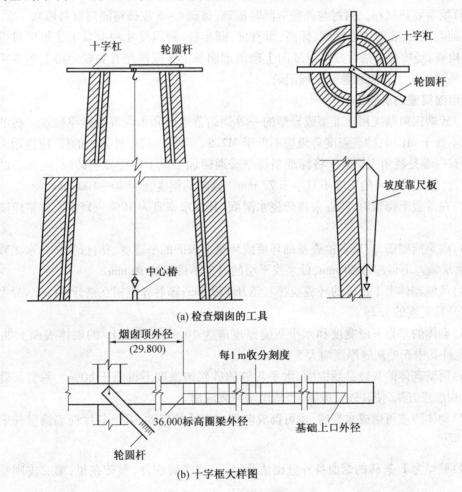

(a) 检查烟囱的工具

(b) 十字框大样图

图2.117　检查烟囱的工具与方法

5. 烟囱基础砌筑施工

钢筋混凝土基础浇完后,根据水平仪测出的基础面标高,在底板的侧面划出标高记号。基础面不平时,应用1:2水泥砂浆找平,再以基础中心为圆心,弹出烟囱基础内外径的圆周线,然后浇水湿润,开始砌筑。

烟囱基础砌筑要点如下：

(1)排砖摆底。开始砌砖时,应排砖摆底,砖层排列通常用全丁砌法,以减少砖所形成的弦线与圆烟囱弧线的误差,保证烟囱外形的规整。只有外径较大时(通常 7 m 以上),才用"一顺一丁"砌法。

(2)用半砖调整错缝。砌体上下两层砖的放射状砖缝应错开 1/4 砖,上下层环状砖缝应错开 1/2 砖。为达到错缝的要求,可用半砖进行调整。

(3)灰缝。水平灰缝为 8 ~ 10 mm。竖缝因排砖成放射状,所以内侧灰缝小,外侧灰缝大。内侧不小于 5 mm,外侧不大于 12 mm。

(4)基砖大放脚的收退。收退方法与砌墙相同,高度由皮数杆控制。

(5)检查垂直度。大放脚上基础墙砌成圆柱形,无收分,所以可用普通靠尺板检查其砌筑中的垂直度。

(6)填塞隔热材料。内衬与外壁应同时砌筑,每砌 4 ~ 5 皮砖将隔热材料填塞一次。

基础砌完后,要对中心轴线、标高、垂直度、圆半径、圆周尺寸和上口水平等项目进行一次全面检查,经检查合格后方可继续向上砌筑烟囱身。并应按照有关规定将上述各项目的检查结果填入施工日志和隐蔽工程记录。

6. 烟囱筒壁砌筑施工

(1)砖烟囱筒壁应用标准型或异型的一等烧结普通砖和水泥混合砂浆砌筑。砖的强度等级应不低于 MU10,砂浆强度等级应不低于 M2.5。砌筑在筒壁外表面的砖,应选用无裂缝且至少有一端是棱角完整的。将标准型烧结普通砖加工成丁砌的异型砖时,应在砖的一个侧面进行,加工后小头的宽度不宜小于 77 mm。砂浆的稠度宜为 80 ~ 100 mm。

(2)在常温下砌筑时,应提前将砖浇水湿润,其含水率宜为 10% ~ 15%。砂浆应随拌随用。

(3)砌筑筒壁前,应重点检查基础环壁或环梁上表面的平整度,并且用 1∶2 水泥砂浆抹平,其水平偏差不得超过 20 mm,砂浆找平层的厚度不得超过 30 mm。

(4)筒壁砌体上下皮砖的环缝应相互错开 120 mm;辐射缝应相互错开 60 mm(异型砖应相互错开其宽度的 1/2)。

(5)砌体的垂直灰缝宽度和水平灰缝厚度应为 10 mm。在 5 m² 的砌体表面上抽查 10 处,只允许其中 5 处灰缝厚度增大 5 mm。

(6)筒壁砌体的灰缝必须饱满,水平灰缝的砂浆饱满度不得低于 80%。垂直灰缝宜采用挤浆和加浆方法,使其砂浆饱满,严禁用水冲浆灌缝。

(7)砌体砖皮可砌成水平的,也可砌成向烟囱中心倾斜的,其倾斜度应与筒壁外表面的斜度相同。

(8)壁厚为 $1\frac{1}{2}$ 砖的烟囱身外壁砌法是:第一皮半砖在外,整砖在里;第二皮则整砖在外,半砖在里。壁厚为 2 砖的外壁砌法是:砌第一皮时,全用整砖,砌第二皮时内、外全用半砖,中间一圈为整砖。壁厚为 $2\frac{1}{2}$ 砖的外壁砌法是:第一皮外圈用半砖,里面两圈用整砖;第二皮则内圈用半砖,外面两圈用整砖。壁厚为 3 砖及 3 砖以上以此类推,如图 2.118 所示。

(9)筒壁内侧砌有内衬悬臂时,应以台阶形式向内挑出,其挑出宽度应等于内衬与隔热

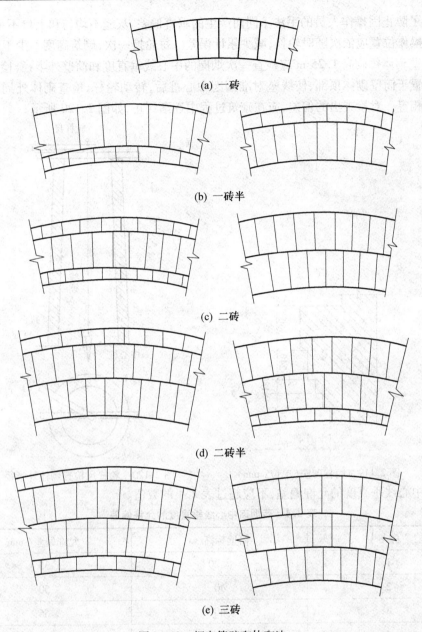

图 2.118　烟囱筒壁砌体砌法

层的厚度和,每一台阶挑出长度应不大于 60 mm(1/4 砖长),挑出部分台阶的高度应不小于 120 mm(1/2 砖长)。

(10)烟囱顶部筒壁称为筒首。筒首应以台阶形式向外挑出。其砌法与内衬悬臂砌法相同,区别是筒首向外挑出,如图 2.119 所示。

筒壁是烟囱身的主要部分,除应保证使用要求的各部构造组成之外,还必须具有足够的强度、刚度和稳定性,所以其砌筑质量十分重要,注意事项如下:

1)不得用小于半砖的碎砖砌筑烟囱。

2)砌体每皮砖应为水平或稍微向内倾斜,绝对不允许向外倾斜。在砌筑过程中,应随时用水平尺检查纠正。

3）为了防止因操作人员的手法不同而产生的垂直偏差、灰缝不均匀和上口不平等现象，砌筑工人操作位置应依次随时轮换，减少累计误差。每轮换一次，砌筑高度不少于0.5 m。

4）筒壁砌体每砌高1.25 m应检查一次烟囱的中心线垂直度和筒壁外半径，检查方法是用轮杆尺置于筒壁砌体顶部，使线坠对准烟囱中心桩后，转动轮杆，检查砌体外周是否与设计外半径相等。对检查出的偏差，应在砌筑过程中逐渐纠正，如图2.120所示。

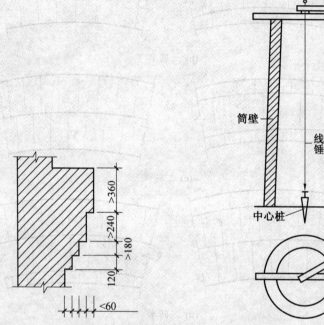

图2.119　筒首砌法(单位：mm)　　　　　图2.120　轮杆尺检查砌体外半径

烟囱中心线垂直度的允许偏差，不应超过表2.4的数值。

表2.4　砖烟囱中心线垂直度的允许偏差

序号	筒壁标高/m	允许偏差/ mm
1	≤20	35
2	40	50
3	60	65
4	80	75
5	100	85

注:1.表中允许偏差值是指一座烟囱在不同标高的允许偏差。

　　2.中间值用插入法计算。

筒壁砌体外表面的斜度，可采用坡度靠尺检查，靠尺斜边紧靠筒壁外表面，检查靠尺上线锤是否与墨线相重合，不重合者表示斜度不对，应逐渐纠正，如图2.121所示。

5）砌筑筒壁时，每5 m高度内应取一组砂浆试块，在砂浆强度等级或配合比变更时，应另取试块，以检验其28 d龄期的强度。

6）安装环箍时，在砌体砂浆强度达到40%后，方可拧紧螺栓，使其紧贴筒壁。环箍应水平,接头的位置应沿筒壁高度互相错开。

7)烟囱日砌最大高度视气温与砂浆硬化速度而定。通常日砌高度不宜超过 1.8 ~ 2.4 m,日砌高度过大会因砂浆受压缩变形而引起烟囱身偏斜,致使稳定性变差。

8)有抗震要求的烟囱配有竖向和环向钢筋,砌筑时,应按照设计要求认真埋置,不得遗漏。

9)烟囱的附属设施应事先涂好防锈漆,砌筑烟囱身时,按照设计位置认真埋设,嵌入壁内不得小于 24 cm,卡入灰缝内用 M10 号水泥砂浆卧牢,用砖压实。严禁漏埋后凿洞嵌入,以致影响整个烟囱壁的强度。

10)外壁灰缝应随砌随刮随勾,勾成斜缝。

图 2.121　用坡度靠尺检查斜度

7. 烟囱内衬砌筑施工

烟囱的内衬不是烟囱的受力结构,主要要求是耐火耐热。其施工要点如下:

(1)砖烟囱内衬可在筒壁完成后砌筑,也可与筒壁同时施工。

(2)内衬材料应按照设计的要求采用。若设计无规定,可按下列规定采用:

1)烟气温度低于 400 ℃时,可采用 MU10 烧结普通砖和 M2.5 水泥混合砂浆;

2)烟气温度为 400 ~ 500 ℃时,可采用 MU10 烧结普通砖和耐热砂浆;

3)烟气温度高于 500 ℃时,可采用黏土质耐火砖和黏土火泥泥浆或耐火混凝土;

4)烟气有较强的腐蚀性时,可采用耐酸砖和耐酸胶泥或耐酸混凝土等。

(3)耐热砂浆配合比可按表 2.5 采用。

表 2.5　耐热砂浆配合比

材料名称	42.5 级普通硅酸盐水泥	掺合料		小于 5 mm 黏土熟料	水
		黏土熟料粉	黏土火泥		
质量比/%	16	12	12	60	外加 17.5

(4)内衬厚度为半砖时,应采用全顺砌筑形式,上下皮垂直灰缝相互错开半砖长;内衬厚度为 1 砖时,应采用全丁砌筑形式,上下皮垂直灰缝相互错开 1/4 砖长(异型砖应错其宽

度的1/2)。

（5）内衬灰缝的砂浆必须饱满。水平灰缝的砂浆饱满度：烧结普通砖不得低于80%；黏土质耐火砖和耐酸砖不得低于90%。垂直灰缝宜采用挤浆和加浆方法，使其砂浆饱满。内衬灰缝厚度及其允许增大值和数量，不应超过表2.6的规定。

表2.6　内衬灰缝厚度及其允许增大值和数量

序号	内衬种类	灰缝厚度/mm	灰缝厚度的允许增大值/mm	在5 m² 的表面上抽查10 处允许增大灰缝的数量/处
1	烧结普通砖和硅藻土砖	8	+4	7
2	黏土质耐火砖和耐酸砖	4	+2	5

（6）筒身与内衬间的空气隔热层内不允许落入砂浆或砖屑等杂物，以免影响隔热效果。若采用填充材料隔热层时，应每砌4~5皮砖填充一次，并且轻轻捣实。为减轻隔热材料太高时在自重作用下体积压缩（愈往下压缩愈严重）过分密实而影响隔热效果，故沿内衬高度2~2.5 m砌一圈减荷带。当烟囱身砌至内衬顶面或外壁厚度减薄时，烟囱壁向内砌出挑檐（悬臂）盖住隔热层入口，以免灰尘落入其内。外壁挑檐和内衬减荷带如图2.122所示。

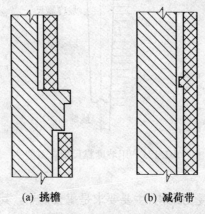

(a) 挑檐　　　　(b) 减荷带

图2.122　挑檐与减荷带

（7）为加强内衬的牢固和稳定性，在水平方向沿烟囱身周长每隔1 m，垂直方向每隔0.5 m，上下交错地从内衬挑出一块砖顶住烟囱壁。

（8）内衬砌好后，经检查合格，在内衬表面满刷耐火泥浆或黏土浆一遍。最后，铺砌烟囱底部耐火砖，并且使上下皮灰缝错开。

8. 方烟囱砌筑施工

方烟囱受力不如圆烟囱好，承受的风压比圆烟囱大，所以砌筑高度受到一定限制，通常在15 m左右。

方烟囱及其内衬的砌筑方法、操作要领、质量要求、使用工具以及标高、中心轴和垂直度的控制基本与圆烟囱相同。方烟囱与圆烟囱相比较，区别如下：

（1）踏步式收分。砌圆烟囱允许每皮砌体稍微向内倾斜，砌方烟囱则要求每皮砌体水平。这样向上砌筑收分时上下相邻两皮砖则出现错台，这种收分称为踏步式。砌筑前按照烟囱的坡度事先算好每皮收分量（即错台量）。例如烟囱坡度为2.5%，每1.0 m高按16皮计,则每皮收分(错台)为:1 000×2.5%÷16≈1.6 mm。

(2)检查外接圆半径。检查圆烟囱不同高度时的圆半径,通常将圆周分成6等分,在烟囱身圆周上取6点,并且作相对固定,以此6点进行检查圆半径。

方烟囱主要检查四角顶至中心的距离(即方烟囱的外接圆半径),所以使用引尺的划数应将不同标高的方形断面的边长乘以 $\sqrt{2}/2$(即0.707)。

(3)坡度检查方法不同。检查圆烟囱的坡度,用坡度靠尺板在上述6个点上进行。检查方烟囱的坡度,除在四角顶处之外,还应在每边的中点上进行。

(4)方烟囱组砌方式。可根据壁厚选择三顺一丁、一顺一丁、梅花丁和三一式等砌法。为了达到错缝要求,须砍成3/4砖(即七分头),但是由于方烟囱皮皮踏步收分,砍砖不能因收分把转角处的砖砍掉,转角处仍应保留3/4砖,需砍部分在烟囱身中间调整。

(5)一般不留通气孔。圆烟囱留通气孔,通常竖向每隔0.5 m(8皮砖),在烟囱身水平方向每隔1 m留一个,并且呈梅花形布置,上下左右错开。

方烟囱一般不留通气孔,需要留通气孔时,应避开四个顶角,因转角受力大并且复杂,以免削弱该处强度,对烟囱整体强度和稳定性不利。

(6)铁爬梯、避雷针等的埋设与圆烟囱相同,但是应避开四个顶角,按照设计要求埋设,若设计未作规定,最好设在常年背风的一面。

(7)筒壁不设箍紧圈。方烟囱由于筒内气温不高,通常在筒壁上不设箍紧圈。

讲56:花饰墙砌筑

花饰墙按照所用材料不同分为砖砌花饰、预制混凝土花饰和小青瓦组拼花饰。花饰墙多用于庭院、公园和公共建筑的围墙。

花饰墙的构造通常每隔2.5~3.5 m砌一砖柱,墙下部1.2~1.4 m以下是砖砌实体墙,上部是花饰墙,顶部用砖或混凝土做成压顶。

1.砖砌花饰墙施工

用普通标准砖组成各种图案的花饰墙,砌筑方法与砌墙体基本相同,以采用坐浆砌筑为宜。砌筑砖花饰时,要先将尺寸分配好,使砖的搭接长度一致,花饰大小相同,并且均匀对称;灰缝密实均匀,砌完后,要刮缝,深10 mm左右,以备勾缝;砖要安放得平稳牢固,通常宜用1:3水泥砂浆砌筑,以使其黏结性好。常见的砖花饰图案如图2.123所示。

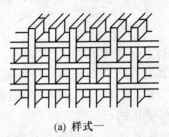　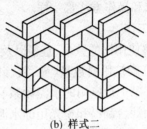

(a) 样式一　　　　　　　　　　　　　　　(b) 样式二

图2.123　砖砌花饰墙图案

2.预制混凝土花饰墙施工

预制混凝土花饰是利用混凝土的可塑性用模型浇筑而成。其砌筑方法和要求基本与砖花饰相同。其花饰图案,如图2.124所示。

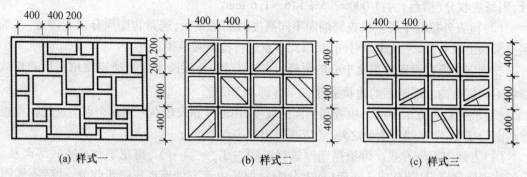

(a) 样式一　　　　(b) 样式二　　　　(c) 样式三

图 2.124　预制混凝土花饰（单位：mm）

3. 小青瓦花饰墙施工

小青瓦花饰是一种传统的做法，安装时通常不用砂浆，利用瓦与瓦拼装并且挤成一个整体，有时局部用砂浆组砌。

小青瓦花饰若刷白浆，应在组砌前进行刷白处理，组砌后该工作很难进行。常见拼花图案，如图 2.125 所示。

图 2.125　小青瓦花饰

讲 57：家用炉灶施工

一般家用炉灶包括三角形（位于墙角）和方形两种，外观形状虽然不同，但是其内部构造、砌筑要求和操作方法都一样。

1. 准备工作

（1）了解使用锅的数量、直径以及所用燃料，进行平面布置的定位放线。

（2）计算砌筑用料数量（砖、灰、砂、黏土、水泥和麻刀灰或纸筋灰）；准备炉栅（或炉条）与炉门；拌好砌炉灶座用的水泥砂浆、砌炉灶与烟囱用的黏土砂浆、抹烟囱道内壁用的麻刀灰或纸筋灰、灶台刮糙和粉光用的水泥砂浆和烟囱外壁用的石灰砂浆。

（3）屋内已有现成烟道时，砌前应用手试探是否通风良好，或用烟火在洞口检验能否通风。若通风不良，应进行疏通和修理后，方可使用。

2. 砌筑施工要求

（1）炉灶面高度通常不超过 80 cm，太高会使工作人员操作不便，易疲劳。

（2）多锅炉灶在砌筑前按照其用途和主次合理排列布置，通常把主要锅安放在离烟道较远处,使抽风效果好,炉火旺。

(3)多锅炉灶可共用一个烟囱,但是各自烟道应分别进入烟囱,以防互相串通,引起冒烟。

(4)炉灶要挑出炉灶座 5 cm,炉灶面(锅台)又较炉灶挑出 6 cm,使人站在灶边,脚不碰炉灶座。

(5)锅上口边沿和炉膛壁接触以 3 cm 为宜,太多时,火易被接触面挡住。

(6)炉条或炉栅(家用烧木柴时)应向里倾斜,便于火焰向里集中。

(7)烧煤炉灶,鼓风机送风时,烟囱高过屋脊即可。

(8)回烟道的断面通常为 6 cm×12 cm;大型炉灶回烟道宽以 9 ~ 16 cm、高以 18 ~ 25 cm 为宜。

(9)农村炉灶主要烧杂草或树枝,易燃烧,所以为保温起见,不设通风道和回烟道。

3. 炉灶的规格

(1)高度一般以 75 cm 为宜(即 12 皮砖再加上抹面厚),最高不得超过 80 cm。

(2)宽度为沿灶口向烟囱方向(2×10+锅直径) cm,即锅边距灶口 10 cm,对面锅边距烟囱 10 cm,再加上锅的直径。

(3)长度为与宽度相垂直方向(2×25+锅直径) cm,即锅边距灶边各 25 cm。

(4)每增加一个同样大小的锅,锅间净距为 30 cm;有环的锅净距为 37 cm,其余尺寸不变。若两锅大小不等,则以大锅为准。

4. 炉膛的形状与尺寸

炉膛的形状近似于倒置的圆台,其尺寸大小视锅的直径与深浅以及所用燃料而定。

一般烧柴灶,锅底距炉膛底(即炉栅)9 ~ 16 cm,烧煤的距离为 7 ~ 18 cm。炉膛底的尺寸约为锅径的 1/3 ~ 1/2,上口约为 40 cm。炉膛深度为 40 cm 直径的锅深为 20 cm,那么烧柴的炉膛深应为 20 cm+(9 ~ 16) cm,即 29 ~ 36 cm;烧煤的炉膛深应为 20 cm+(7 ~ 18) cm,即 27 ~ 38 cm,如图 2.126 所示。

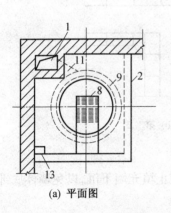 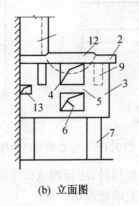 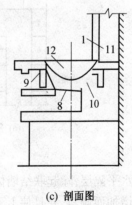

| (a) 平面图 | (b) 立面图 | (c) 剖面图 |

图 2.126 家用炉灶构造

1—烟囱;2—炉灶台;3—炉灶身;4—炉灶门;5—灶口挑砖;6—通风道(又是出灰道);7—炉灶脚;8—炉栅;9—回烟道;10—炉膛;11—火焰道;12—锅;13—火柴洞

5. 砌筑步骤与方法

(1)按照放线的位置砌炉座,炉座根据锅的个数决定砌几道:一个锅砌两道,两个锅砌三道。为了保证两口锅在灶面上的净距要求,下部中间的炉座墙可砌成包心墙,中间填碎砖和黏土。

炉座墙厚通常为18~24 cm,高30~40 cm(一般砌5~6层砖或用中型砌块),长较炉面缩进12 cm。炉座墙间距通常为20~25 cm。

(2)砌风槽和铺炉栅。当炉座砌到最后一层时,开始挑砖合拢。以两炉座墙内的中心线作为风槽中心位置,并且在合拢层上划一个记号,接着继续往上砌两层砖并且挑出6 cm。砌至风槽位置时,按照中心线留出宽12~15 cm、长15~30 cm,不砌而形成风槽。留风槽时,应观察烟囱方向,以便决定风槽位置的进出。

风槽处铺好炉栅,炉栅与下部合拢砖之间形成出灰槽。炉栅铺深应注意烟囱位置,以保证火焰始终保持在锅的中心。继而用样棒对准风槽中心,定出炉膛底和炉门位置,再砌炉身和炉膛。

(3)炉身和炉膛的砌筑。用菜刀砖(楔形砖)砌一皮压牢炉栅。

炉门墙厚通常为12~18 cm,留出炉门位置高为18 cm(三皮砖)、宽为12~15 cm。

炉膛应从底部往上向四周放坡,放坡的上口绕炉膛设回烟道,回烟道宽为6 cm、高为12 cm的槽口,并接烟囱。

(4)砌灶面砖和安锅。灶面砖为一皮,四周挑出6 cm,用水泥砂浆刮糙抹平。安锅后试烧,合格后抹面压光。

讲58:空心填充墙的砌筑

空心填充墙,是用普通砖砌成内外两条平行壁体,在中间留有空隙,并且填入保温性能好的材料。为了保证两平行壁体互相连接,增强墙体的刚度和稳定性,以及在填入保温材料后避免墙体向外胀出,在墙的转角处要加砌斜撑或砌附外墙柱,如图2.127和图2.128所示,内增设水平隔层与垂直隔层。

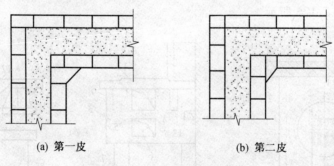

(a) 第一皮　　　　　　(b) 第二皮

图2.127　空心填充墙附外墙柱

水平隔层,除起联结墙体的作用外,还起到减荷作用,防止填充墙下沉,以免墙体底部侧压力增加而倾斜,并且使上下填充墙能疏密一致。

水平隔层形式包括以下两种:

(1)每隔4~6皮砖在保温填充墙上抹一层8~10 mm的水泥砂浆,在其上面放置φ4~φ16的钢筋,其间距为40~60 mm,然后再抹一层水泥砂浆,将钢筋埋入砂浆内,如图2.129所示。

(2)每隔5皮砖砌1皮顶砖层,垂直隔层是用顶砖将两平行壁体联系起来,在墙长度范

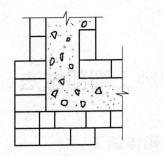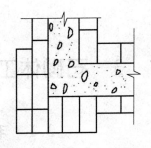

图 2.128 空心填充墙附外墙柱

围内,每隔适当距离砌筑一道垂直隔层。

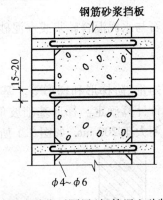

图 2.129 空心填充墙水平隔层(钢筋埋入砂浆)(单位: mm)

3 石砌体工程施工细部做法

3.1 毛石砌体施工

讲59：毛石基础

毛石基础是用乱毛石或平毛石与水泥混合砂浆或水泥砂浆砌成。毛石基础可作墙下条形基础或柱下独立基础。

1. 毛石基础构造

毛石基础按其断面形状包括矩形、阶梯形和梯形等。基础顶面宽度应比墙基底面宽度大 200 mm；基础底面宽度依据设计计算确定。梯形基础坡角应大于 60°。阶梯形基础每阶高不小于 300 mm，每阶挑出宽度不大于 200 mm，如图 3.1 所示。

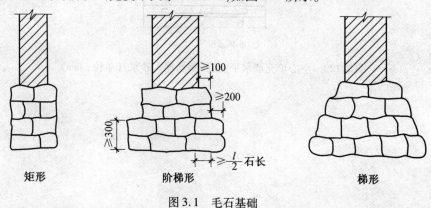

矩形　　　　　　阶梯形　　　　　　梯形

图 3.1　毛石基础

2. 立线杆和拉准线

在基槽两端的转角处，每端各立两根木杆，再横钉一木杆连接，在立杆上标出各放大脚的标高。在横杆上钉上中心线钉以及基础边线钉，根据基础宽度拉好立线，如图 3.2 所示。然后根据边线和阴阳角（内、外角）处先砌两层较方整的石块，以此固定准线。砌阶梯形毛石基础时，应将横杆上的立线按照各阶梯宽度向中间移动，移至退台所需要的宽度，再拉水平准线。还有一种拉线方法是砌矩形或梯形断面的基础时，按照设计尺寸用 50 mm×50 mm 的小木条钉成基础断面形状（称为样架），立于基槽两端，在样架上注明标高，两端样架相应标高用准线连接作为砌筑的依据，如图 3.3 所示。立线控制基础宽窄，水平线控制每层高度以及平整。砌筑时应采用双面挂线，每次起线高度大放脚以上 800 mm 为宜。

3. 砌筑要点

（1）砌第 1 皮毛石时，应选用有较大平面的石块，先在基坑底铺设砂浆，再将毛石砌上，并且使毛石的大面向下。

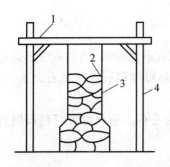

图3.2　挂立线杆

1—横杆;2—准线;3—立线;4—立杆

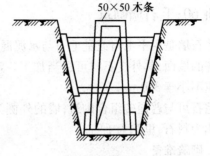

图3.3　断面样架

（2）砌筑第1皮毛石时,应分皮卧砌,并且应上下错缝,内外搭砌,不得采用先砌外面石块后中间填心的砌筑方法。石块间较大的空隙应先填塞砂浆,然后用碎石嵌实,不得采用先摆碎石后塞砂浆或干填碎石的方法。

（3）砌筑第2皮及以上各皮时,应采用坐浆法分层卧砌。砌石时,首先铺好砂浆,砂浆不必铺满,可随砌随铺,在角石和面石处,坐浆略厚些,石块砌上去将砂浆挤压成要求的灰缝厚度。

（4）砌石时,搬取石块应根据空隙大小、槎口形状选用合适的石料先试砌试摆一下,尽量使缝隙减少,接触紧密。但是石块之间不能直接接触形成干研缝,同时也应避免石块之间形成空隙。

（5）砌石时,大、中、小毛石应搭配使用,避免将大块都砌在一侧,而另一侧全用小块,造成两侧不均匀,使墙面不平衡而倾斜。

（6）砌石时,先砌里外两面,长短搭砌,后填砌中间部分,但是不允许将石块侧立砌成立斗石,也不允许先把里外皮砌成长向两行（牛槽状）。

（7）毛石基础每0.7 m²且每皮毛石内间距不大于2 m设置一块拉结石,上下两皮拉结石的位置应错开,立面砌成梅花形。拉结石宽度:若基础宽度等于或小于400 mm,拉结石宽度应与基础宽度相等;若基础宽度大于400 mm,可用两块拉结石内外搭接,搭接长度不应小于150 mm,并且其中一块长度不应小于基础宽度的2/3。

（8）阶梯形毛石基础砌法,上阶的石块应至少压砌下阶石块的1/2,如图3.4所示;相邻阶梯毛石应相互错缝搭接。

（9）毛石基础最上1皮,宜选用较大的平毛石砌筑。转角处、交接处以及洞口处应选用较大的平毛石砌筑。

（10）有高低台的毛石基础,应从低处砌起,并且由高台向低台搭接,搭接长度不小于基础高度。

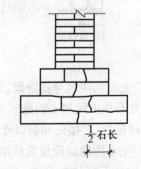

图3.4　阶梯形毛石基础砌法

（11）毛石基础转角处和交接处应同时砌起,若不能同时砌起又必须留槎时,应留成斜槎,斜槎长度应不小于斜槎高度,斜槎面上毛石不应找平,继续砌时,应将斜槎面清理干净,浇水润湿。

讲60:毛石墙砌筑

毛石墙是用平毛石或乱毛石与水泥混合砂浆或水泥砂浆砌成,墙面灰缝不规则,外观要求整齐的墙面,其外皮石材可适当加工。毛石墙的转角可用料石或平毛石砌筑。毛石墙的厚度应不小于350 mm。

毛石可与普通砖组合砌筑,墙的外侧为砖,里侧为毛石。毛石也可与料石组合砌筑,墙的外侧为料石,里侧为毛石。

1. 砌筑准备

砌筑毛石墙应根据基础的中心线放出墙身里外边线,挂线分皮卧砌,每皮高约250~350 mm。砌筑方法应采用铺浆法。用较大的平毛石,先砌转角处、交接处以及门洞处,再向中间砌筑。砌前应先试摆,使石料大小搭配,大面平放,外露表面要平齐,斜口朝内,逐块卧砌坐浆,并且使砂浆饱满。石块间较大的空隙应先填塞砂浆,后用碎石嵌实。灰缝宽度通常控制在20~30 mm以内,铺灰厚度为40~50 mm。

2. 砌筑要点

(1)砌筑时,石块上下皮应相互错缝,内外交错搭砌,避免出现重缝、空缝和孔洞,同时应注意合理摆放石块,不应出现图3.5所示的砌石类型,以免砌体承重后发生错位、劈裂以及外鼓等现象。

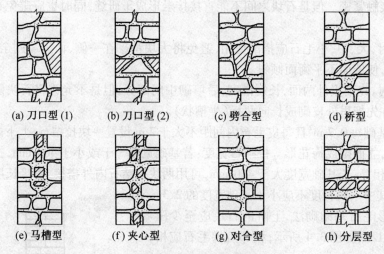

|(a) 刀口型(1)|(b) 刀口型(2)|(c) 劈合型|(d) 桥型|
|(e) 马槽型|(f) 夹心型|(g) 对合型|(h) 分层型|

图3.5 错误的砌石类型

(2)毛石砌体宜分皮卧砌,错缝搭砌,搭接长度不得小于80 mm,内外搭砌时,不得采用外面侧立石块中间填心的砌筑方法,中间不得有铲口石、斧刃石和过桥石(图3.6);体的第一皮及转角处、交接处和洞口处,应采用较大的平毛石砌筑。

(3)毛石墙砌筑应设置拉结石,拉结石应符合下列规定:

1)拉结石应均匀分布,相互错开,毛石基础同皮内宜每隔2 m设置一块;毛石墙应每0.7 m²墙面至少设置一块,且同皮内的中距不应大于2 m;

2)当基础宽度或墙厚不大于400 mm时,拉结石的长度应与基础宽度或墙厚相等;当基础宽度或墙厚大于400 mm时,可用两块拉结石内外搭接,搭接长度不应小于150 mm,且其中一块的长度不应小于基础宽度或墙厚的2/3。

图 3.6　铲口石、斧刃石、过桥石示意图

（4）毛石、料石和实心砖的组合墙中（图 3.7），毛石、料石砌体与砖砌体应同时砌筑，并应每隔（4~6）皮砖用（2~3）皮丁砖与毛石砌体拉结砌合，毛石与实心砖的咬合尺寸应大于 120 mm，两种砌体间的空隙应采用砂浆填满。

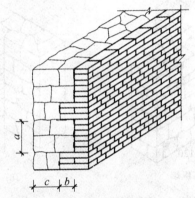

图 3.7　毛石与实心砖组合墙示意图

a—拉结砌合高度；b—拉结砌合宽度；c—
毛石墙的设计厚度

（5）毛石墙与砖墙相接的转角处和交接处应同时砌筑。在转角处，应自纵墙（或横墙）每隔 4~6 皮砖高度引出不小于 120 mm 的阳槎与横墙相接，如图 3.8 所示。在丁字交接处，应自纵墙每隔 4~6 皮砖高度引出不小于 120 mm 与横墙相接，如图 3.9 所示。

（6）砌毛石挡土墙时，每砌 3~4 皮为一个分层高度，每个分层高度应找平 1 次。外露面的灰缝厚度不得大于 40 mm，两个分层高度间的错缝不得小于 80 mm，如图 3.10 所示。毛石墙每日砌筑高度不应超过 1.2 m。毛石墙临时间断处应砌成斜槎。

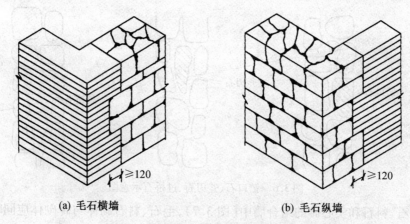

(a) 毛石横墙　　　　　　　　　(b) 毛石纵墙

图3.8　转角处毛石墙与砖墙相接

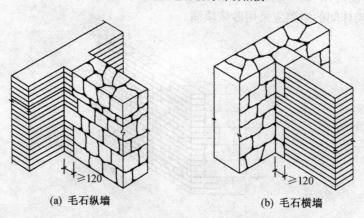

(a) 毛石纵墙　　　　　　　　　(b) 毛石横墙

图3.9　丁字交接处毛石墙与砖墙相接

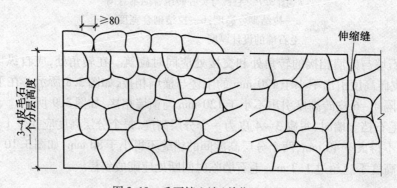

图3.10　毛石挡土墙(单位：mm)

3.2　料石砌体施工

讲61：料石基础砌筑

1. 料石基础的构造

料石基础是用毛料石或粗料石与水泥混合砂浆或水泥砂浆砌筑而成。

料石基础包括墙下的条形基础和柱下独立基础等。其断面形状包括矩形和阶梯形等，如图3.11所示。阶梯形基础每阶挑出宽度不大于200 mm，每阶为1皮或2皮料石。

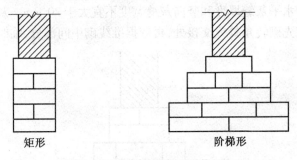

矩形　　　　　　　　　　　　　　阶梯形

图3.11　料石基础断面形状

2. 料石基础的组砌形式

料石基础砌筑形式包括顶顺叠砌和顶顺组砌。顶顺叠砌是1皮顺石与1皮顶石相隔砌成，上下皮竖缝相互错开1/2石宽；顶顺组砌是同皮内1~3块顺石与1块顶石相隔砌成，顶石中距不大于2 m，上皮顶石坐中于下皮顺石，上下皮竖缝相互错开至少1/2石宽，如图3.12所示。

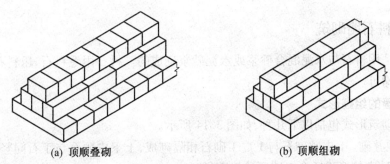

(a) 顶顺叠砌　　　　　　　　　　　(b) 顶顺组砌

图3.12　料石基础砌筑形式

3. 砌筑准备

(1)放好基础的轴线和边线，测出水平标高，立好皮数杆。皮数杆间距以不大于15 m为宜，在料石基础的转角处和交接处都应设置皮数杆。

(2)砌筑前，应将基础垫层上的泥土、杂物等清除干净，并且浇水湿润。

(3)拉线检查基础垫层表面标高是否符合设计要求。若第1皮水平灰缝厚度超过20 mm，应用细石混凝土找平，不得用砂浆或在砂浆中掺碎砖或碎石代替。

(4)常温施工时，砌石前一天应将料石浇水湿润。

4. 砌筑要点

(1)料石基础宜用粗料石或毛料石与水泥砂浆砌筑。料石的宽度和厚度均不宜小于200 mm，长度不宜大于厚度的4倍。料石强度等级应不低于MU20，砂浆强度等级应不低于M5。

(2)料石基础砌筑前，应清除基槽底杂物；在基槽底面上弹出基础中心线以及两侧边线；在基础两端立起皮数杆，在两皮数杆之间拉准线，依据准线进行砌筑。

(3)料石基础的第1皮石块应坐浆砌筑，即先在基槽底摊铺砂浆，再将石块砌上，所有石块应丁砌，以后各皮石块应铺灰挤砌，上下错缝，搭砌紧密，上下皮石块竖缝相互错开应不少于石块宽度的1/2。料石基础立面组砌形式宜采用一顺一丁,即1皮顺石与1皮丁石相间。

（4）阶梯形料石基础,上阶的料石至少压砌下阶料石的1/3,如图3.13所示。

1）料石基础的水平灰缝厚度和竖向灰缝宽度不宜大于20 mm。灰缝中砂浆应饱满。

2）料石基础宜先砌转角处或交接处,再依据准线砌中间部分,临时间断处应砌成斜槎。

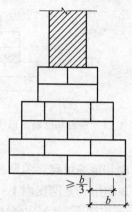

图3.13　阶梯形料石基础

讲62:料石墙砌筑

料石墙是用料石与水泥混合砂浆或水泥砂浆砌成的。料石用毛料石、粗料石、半细料石以及细料石均可。

1.料石墙的组砌形式

料石墙砌筑形式包括以下几种,如图3.14所示。

（1）丁顺叠砌。1皮顺砌石与1皮丁砌石相隔砌成,上下皮顺石与丁石间竖缝相互错开1/2石宽,这种砌筑形式适合于墙厚等于石长时。

（2）丁顺组砌。同皮内每1~3块顺石与1块顶石相间砌成,上皮丁石座中于下皮顺石,上下皮竖缝相互错开至少1/2石宽,丁石中距不超过2 m。这种砌筑形式适合于墙厚等于或大于2块料石宽度时。

（3）全顺叠砌。每皮均为顺砌石,上下皮竖缝相互错开1/2石长。此种砌筑形式适合于墙厚等于石宽时。

料石还可与毛石或砖砌成组合墙。料石与毛石的组合墙,料石在外,毛石在里;料石与砖的组合墙,料石在里,砖在外,也可料石在外,砖在里。

2.砌筑准备

（1）基础通过验收,土方回填完毕,并且办完隐检手续。

（2）在基础丁面放好墙身中线、边线以及门窗洞口位置线,测出水平标高,立好皮数杆。皮数杆间距以不大于15 m为宜,在料石墙体的转角处和交接处均应设置皮数杆。

（3）砌筑前,应将基础顶面的泥土和杂物等清除干净,并且浇水湿润。

（4）拉线检查基础顶面标高是否符合设计要求。若第1皮水平灰缝厚度超过20 mm,应用细石混凝土找平,不得用砂浆或在砂浆中掺碎砖或碎石代替。

（5）常温施工时,砌石前1 d应将料石浇水湿润。

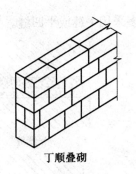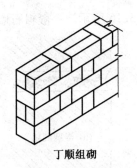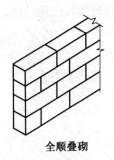

丁顺叠砌　　　　　丁顺组砌　　　　　全顺叠砌

图 3.14　料石墙砌筑形式

（6）操作用脚手架、斜道以及水平和垂直防护设施已准备妥当。

3. 砌筑要点

（1）料石砌筑前，应在基础丁面上放出墙身中线、边线以及门窗洞口位置线，并找平，立皮数杆，拉准线。

（2）料石砌筑前，必须按照组砌图将料石试排妥当后，才能开始砌筑。

（3）料石墙应双面拉线砌筑，全顺叠砌单面挂线砌筑。先砌转角处和交接处，再砌中间部分。

（4）料石墙的第 1 皮及每个楼层的最上 1 皮应丁砌。

（5）料石墙采用铺浆法砌筑，料石灰缝厚度：毛料石和粗料石墙砌体不宜大于 20 mm，细料石墙砌体不宜大于 5 mm。砂浆铺设厚度略高于规定的灰缝厚度，其高出厚度：细料石为 3~5 mm，毛料石、粗料石宜为 6~8 mm。

（6）砌筑时，应先将料石里口落下，再慢慢移动就位，校正垂直和水平。在料石砌块校正到正确位置后，顺石面将挤出的砂浆清除，然后向竖缝中灌浆。

（7）在料石和砖的组合墙中，料石墙和砖墙应同时砌筑，并且每隔 2~3 皮料石用丁砌石与砖墙拉结砌合，丁砌石的长度宜与组合墙厚度相等，如图 3.15 所示。

（8）料石墙宜从转角处或交接处开始砌筑，再依据准线砌中间部分，临时间断处应砌成斜槎，斜槎长度应不小于斜槎高度。料石墙每日砌筑高度宜不超过 1.2 m。

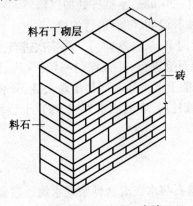

料石丁砌层　砖　料石

图 3.15　料石与砖组合墙

4. 墙面勾缝

（1）石墙勾缝形式包括平缝、凹缝和凸缝，凹缝又分为半圆凹缝和平凹缝，凸缝又分为平凸缝、半圆凸缝和三角凸缝,如图3.16所示。一般料石墙面多采用平缝或平凹缝。

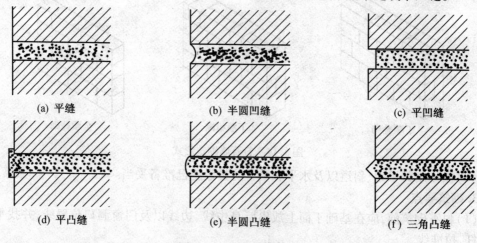

| (a) 平缝 | (b) 半圆凹缝 | (c) 平凹缝 |
| (d) 平凸缝 | (e) 半圆凸缝 | (f) 三角凸缝 |

图3.16　石墙勾缝形式

(2)料石墙面勾缝前要先剔缝,将灰缝凹入20~30 mm。墙面用水喷洒湿润,不整齐处应修整。

(3)料石墙面勾缝应采用加浆勾缝,并宜采用细砂拌制1:1.5水泥砂浆,也可采用水泥石灰砂浆或掺入麻刀(纸筋)的青灰浆。有防渗要求的,可用防水胶泥材料进行勾缝。

(4)勾平缝时,用小抿子在托灰板上刮灰,塞进石缝中严密压实,表面压光。勾缝时,应顺石缝进行,缝与石面齐平,勾完一段后,用小抿子将缝边毛槎修理整齐。

(5)勾平凸缝(半圆凸缝或三角凸缝)时,先用1:2水泥砂浆抹平,待砂浆凝固后,再抹一层砂浆,用小抿子压实、压光,等砂浆收水后,用专用工具捋成10~25 mm宽窄一致的凸缝。

(6)石墙面勾缝按下列步骤进行:

1)拆除墙面或柱面上临时装设的电缆和挂钩等物。

2)清除墙面或柱面上黏结的砂浆、泥浆、杂物和污渍等。

3)剔缝,即将灰缝刮深20~30 mm,不整齐处加以修整。

4)用水喷洒墙面或柱面使其湿润,随后进行勾缝。

(7)料石墙面勾缝应从上向下、从一端向另一端依次进行。

(8)料石墙面勾缝缝路顺石缝进行,并且均匀一致,深浅、厚度相同,搭接平整通顺。阳角勾缝两角方正,阴角勾缝不能上下直通。严禁出现丢缝、开裂或黏结不牢等现象。

(9)勾缝完毕,清扫墙面或柱面,表面洒水养护,防止干裂和脱落。

讲63:石柱砌筑

1.石柱构造

料石柱用半细料石或细料石与水泥混合砂浆或水泥砂浆砌成。

料石柱包括整石柱和组砌柱两种。整石柱每1皮料石均是整块的,即料石的叠砌面与柱断面相同,只有水平灰缝,无竖向灰缝。柱的断面形状多为方形、矩形或圆形。组砌柱每皮由几块料石组砌,上下皮竖缝相互错开,柱的断面形状包括方形、矩形、T形或十字形,如图3.17所示。

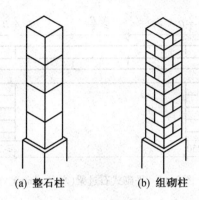

(a) 整石柱   (b) 组砌柱

图 3.17 料石柱

2. 料石柱砌筑

(1)料石柱砌筑前,应在柱座面上弹出柱身边线,在柱座侧面弹出柱身中心线。

(2)整石柱所用石块其四侧应弹出石块中心线。

(3)砌整石柱时,应将石块的叠砌面清理干净。先在柱座面上抹一层水泥砂浆,厚约10 mm,再将石块对准中心线砌上,以后各皮石块砌筑应先铺好砂浆,对准中心线,再将石块砌上。石块若有竖向偏斜,可用铜片或铝片在灰缝边缘内垫平。

(4)砌筑料石柱时,应按照规定的组砌形式逐皮砌筑,上下皮竖缝相互错开,无通天缝,不得使用垫片。

(5)灰缝要横平竖直。灰缝厚度:细料石柱不宜大于 5 mm;半细料石柱不宜大于10 mm。砂浆铺设厚度应略高于规定的灰缝厚度,其高出厚度为 3~5 mm。

(6)砌筑料石柱,应随时用线坠检查整个柱身的垂直,若有偏斜应拆除重砌,不得敲击纠正。

(7)料石柱每天砌筑高度不宜超过 1.2 m。砌筑完后应立即加以围护,严禁碰撞。

讲64:石过梁砌筑

石过梁包括平砌式过梁、平拱和圆拱三种。

(1)平砌式过梁用料石制作,过梁厚度应为 200~450 mm,宽度与墙厚相等,长度不超过1.7 m,其底面应加工平整。当砌至洞口顶时,即将过梁砌上,过梁两端各伸入墙内长度应不小于 250 mm。过梁上续砌石墙时,正中石块长度不应小于过梁净跨度的1/3,其两旁应砌上不小于过梁净跨2/3 的料石,如图 3.18 所示。

(2)石平拱所用料石应按照设计要求加工,若无设计规定,则应加工成楔形(上宽下窄)。平拱的拱脚处坡度以 60°为宜,拱脚高度为 2 皮料石高。平拱的石块应为单数,石块厚度与墙厚相等,石块高度为 2 皮料石高。砌筑平拱时,应先在洞口顶支设模板。从两边拱脚处开始,对称地向中间砌筑,正中一块锁石要挤紧。所用砂浆的强度等级应不低于 M10,灰缝厚度为 5 mm,如图 3.19 所示。砂浆强度达到设计强度 70% 时,即可拆模。

(3)石圆拱所用料石应进行细加工,使其接触面吻合严密,形状和尺寸均应符合设计要求。砌筑时应先在洞口顶部支设模板,由拱脚处开始对称地向中间砌筑,正中一块拱冠石要对中挤紧,如图 3.20 所示。所用砂浆的强度等级应不低于 M10,灰缝厚度为 5 mm。砂浆强度达到设计强度 70% 时,即可拆模。

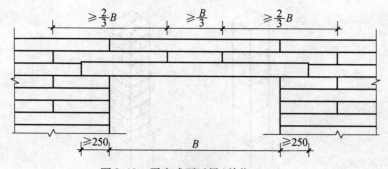

图 3.18 平砌式石过梁(单位：mm)

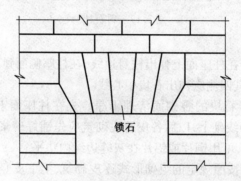

图 3.19 石平拱

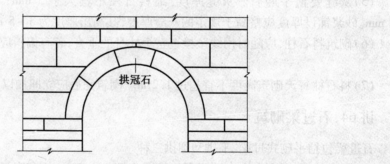

图 3.20 石圆拱

3.3 干砌石施工

讲65:干砌石施工

常采用的干砌块石的施工方法包括花缝砌筑法和平缝砌筑法两种。

1.花缝砌筑法

花缝砌筑方法多用于干砌片(毛)石。砌筑时,依据石块原有形状,使尖对拐、拐对尖,相互联系砌成。砌石不分层,通常多将大面向上,如图3.21所示。该砌法的缺点是底部空虚,容易被水流淘刷变形,稳定性较差,并且不能避免重缝、迭缝以及翘口等毛病。但是此法优点是表面比较平整,所以可用于流速不大、不承受风浪淘刷的渠道护坡工程。

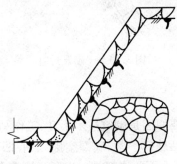

图3.21 花缝砌筑

2.平缝砌筑法

平缝砌筑法通常多适用于干砌块石的施工。砌筑时,将石块宽面与坡面竖向垂直,与横向平行,如图3.22所示。砌筑前,安放每一块石块必须先进行试放,若有不合适处,应用小锤修整,达到石缝紧密,最好不塞或少塞石子。该砌法横向均有通缝,但是竖向直缝必须错开。若砌缝底部或块石拐角处有空隙,则应选用适当的片石塞满填紧,以防止底部砂砾垫层由缝隙淘出,造成坍塌。

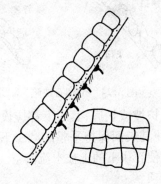

图3.22 平缝砌筑

讲66:干砌石封边

干砌块石是依靠石块之间的摩擦力来维持其整体稳定的。若砌体发生局部移动或变形,将会导致整体破坏。边口部位是最易损坏的地方,因此,封边工作十分重要。

　　一般工程中,对护坡水下部分的封边,通常采用深度均为 0.8 m 左右的大块石单层或双层干砌封边,然后将边外部分用黏土回填夯实。有时,也可采用深宽均为 0.4 m 左右的浆砌石埂进行封边。对护坡水上部分的顶部封边,则通常采用比较大的方正块石砌成 0.4 m 左右宽的平台,台后所留的空隙用黏土回填夯实,如图 3.23 所示。对于挡墙和闸翼墙等重力式墙身顶部,通常用厚度 5 cm 左右的混凝土封闭。

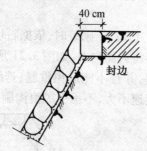

图 3.23　干砌石封边

讲 67：干砌石砌筑要点

　　造成干砌石工程缺陷的主要原因是砌筑技术不良、工作马虎、施工管理不善以及测量放样错漏等。缺陷的主要表现包括缝口不紧、底部空虚、鼓心凹肚、重缝、飞口(石块很薄的边口未经砸掉便砌在坡上)、翘口(上下两块都是一边厚一边薄石料的薄口部分互相搭接)、悬石(两石相接是点的接触,而不是面的接触)、浮塞叠砌、严重蜂窝以及轮廓尺寸走样等,如图 3.24 所示。

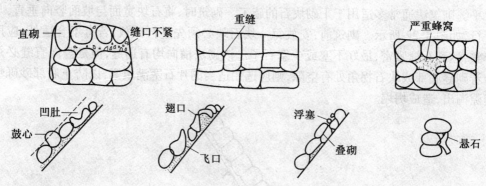

图 3.24　干砌石缺陷

　　无论是毛石或河卵石铺砌的护坡或护底,其底下都应设置垫层。垫层的作用是使石块能通过垫层均匀地压在土层上,使其表面保持平整和减少下沉;同时,有了垫层可减少水流对土层的冲刷力,保护土层,不致使石块下的土被水流淘空。

　　干砌石施工必须注意以下事项。

　　(1)干砌石工程在施工前,应进行基础清理工作,其具体要求与浆砌石基础基本相同。

　　(2)凡受水流冲刷和浪击作用的干砌石工程,应采用竖立砌法(石块的长边与水平面或斜面呈垂直方向)砌筑,以其空隙达到最小。

　　(3)重力式墙身或坝体施工,严禁采用先砌好里外砌石面,中间用乱石充填,并且留下空隙和蜂窝等的错误施工方法。

(4)干砌块石的墙体露出面必须设丁石(拉结石),丁石要均匀分布。同一层的丁石长度,若墙厚等于或小于40 cm,丁石长度应等于墙厚;若墙厚大于40 cm,则要求同一层内外的丁石相互交错搭接,搭接长度不小于15 cm,其中一块的长度不小于墙厚的2/3。

(5)若用料石砌墙,则2层顺砌后应有一层丁砌,同一层采用丁顺组砌时,丁石间距不宜大于2 m。

(6)用干砌块石作基础,通常下大上小,呈阶梯状,底层应选择比较方整的大块石,上层阶梯至少压住下层阶梯块石宽度的1/3。

(7)大体积的干砌块石挡墙或其他建筑物,在砌体每层转角和分段部位,应先采用大并且平整的块石砌筑。

(8)回填在干砌块石基础前后和挡墙后部的土石料,应分层回填并且夯实。用干砌块石砌筑的单层斜面斜坡或护岸,在砌筑块石前要先按照设计要求,平整坡面。若块石砌筑在土质坡面上,要先夯实土层,并且按照设计规定铺放碎石或细砾石。

(9)护坡干砌工程,应自坡脚开始自下而上进行。

(10)砌体缝口要砌紧,空隙应用小石填塞紧密,防止砌体在受到水流的冲刷或外力撞击时,滑脱沉陷,以保持砌体的坚固性。一般规定,干砌石砌体空隙率应不超过30%~35%。

(11)干砌石护坡的每块石面通常不应低于设计位置5 cm,不应高出设计位置15 cm。

(12)干砌石在砌筑时,要防止出现图3.24中各种缺陷。

3.4 石坝砌筑

讲68:石坝砌筑

1.拱坝砌筑

拱坝的砌筑方法大致可分为以下几种。

(1)全拱逐层砌筑平衡上升法。对于浆砌石拱坝,基条石的摆放可以是一层顺石(与坝轴线平行方向)、一层丁石(径向)。该砌法上下层可以错缝,坝体的整体性和防渗性较好,但是顺料占50%,受力条件较差。一层顺多层丁(例如一层顺二层丁、一层顺三层丁、一层顺五层丁等)可改善受力条件,但是上下两层错缝稍难,不注意则容易造成通缝。该法多用于小型工程,如图3.25所示。

(2)全拱按面石、腹石分开砌筑。对于拱坝较高,拱圈横断面较大,坝体砌筑工程量较多,但是又不易开采条石的地区,多用该砌筑方法。该法内、外拱圈面石多用丁、顺相间安砌,用扇形灰缝使料石砌体外缘成拱形,如图3.26所示。

腹石可以在内、外拱圈同时砌筑,也可滞后于面石1~3层再砌筑。在这种情况下,面石砌筑需达到一定强度(2.45 MPa)后,再用细石混凝土砌筑腹石,而把面石当作模板。用该法砌筑坝体不易形成水平层缝。

(3)全拱径向分厢砌筑。有些工程将拱圈顺径向分成外弧长约3 m的若干厢块,隔厢砌筑,如图3.27所示。安砌步骤是先以条石砌筑厢块的四周,每厢两侧边线与拱圈径线吻合,然后在厢内用水泥砂浆砌条石或细石混凝土砌块石。坝顶全拱圈由几块或数十块拱形厢块

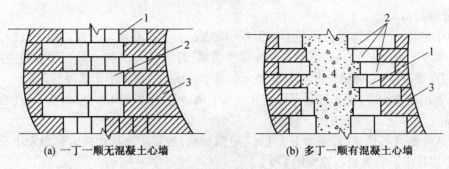

(a) 一丁一顺无混凝土心墙   (b) 多丁一顺有混凝土心墙

图 3.25   全拱逐层整体上升砌筑

1—顺砌石;2—丁砌石;3—面石;4—混凝土心墙

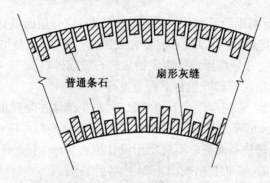

图 3.26   扇形灰缝砌内外拱圈

组成。上下层的分厢线应该错位,错位间距不小于15~20 cm。该方法,便于劳力组合安排,对拱跨较大的工程可加快砌筑进度,但是增加了径向施工通缝。

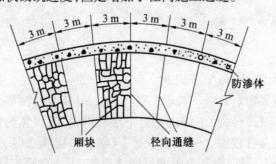

图 3.27   全拱径向分厢砌筑示意图

(4)浆砌条石框边、埋石混凝土填厢砌筑。在开采石比较困难的地区,可采用水泥砂浆砌条石框边与埋石混凝土填厢结合的方法来砌筑拱坝,如图 3.28 所示。其具体砌筑方法是:内、外拱用条石丁砌厚约 1 m 的拱框边,再砌条石墙分成外弧长为 10~15 m 的厢,墙端与迎水面拱圈内缘间距 1~1.5 m,厢高 2~3 m,厢内埋石混凝土隔厢浇筑,每期必须一次浇筑成拱。按常规该法可加快施工进度、减少砌缝,对增强坝体的整体性及防渗性能有利。虽然水泥用量增加,但是对有些工程造价增加并不显著。

无论用哪种方法砌筑,拱坝要求的丁石总表面积应不少于1/3。

2. 连拱坝砌筑

连拱坝由拱圈和支墩组成,拱圈和支墩用混凝土连接时,接触面按照施工缝处理;拱圈

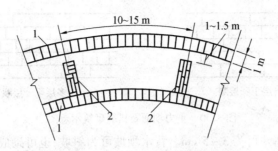

图 3.28 条石框边、埋石混凝土填厢坝体
1—条石框边;2—条石分厢墙

砌筑时,应对称进行,均衡上升。相邻两拱圈的允许高差,必须按照支墩稳定要求核算确定。按拱圈和支墩的结构形式分,其砌筑方法如下:

(1)直立拱式连拱坝。拱圈石水平安砌,支墩砌石采用斜撑式,如图 3.29(a)所示,施工通常不搭拱架,支墩受力条件也好,多适用于较低的连拱坝。

(2)倾斜拱式连拱坝。

1)拱圈石倾斜安砌。待拱座混凝土达到一定强度后,在其上砌筑倾斜拱圈,如图 3.29(b)所示。斜砌的拱圈受力条件好,较立拱施工复杂,通常需搭设拱架,多适用于较高的连拱坝。

2)拱圈石水平安砌。拱圈按照倾斜度呈阶状水平安砌,如图 3.29(c)所示,其操作简便,适用于倾角不大的连拱坝。

3)拱圈外层倾斜安砌、内层水平安砌,如图 3.29(d)所示。拱圈厚度大于 3 m 时,通常采用该法。上游坝坡陡于 1∶0.8 的拱圈砌筑可不必搭设拱架。

面石可以是一层丁砌、一层顺砌的条石,也有用一层条石、一层块石或同层条、块石的丁、顺相间或多层丁、一层顺的砌筑方法,如图 3.30 所示,但是要求丁石的砌筑总表面积不少于1/5。

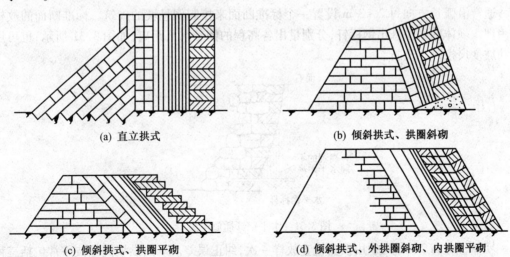

(a) 直立拱式   (b) 倾斜拱式、拱圈斜砌

(c) 倾斜拱式、拱圈平砌   (d) 倾斜拱式、外拱圈斜砌、内拱圈平砌

图 3.29 连拱坝拱圈安砌形式

铺砌石料要错缝搭接,捣实后砌缝中的胶结材料略低于石面,以利上下层砌石的结合。

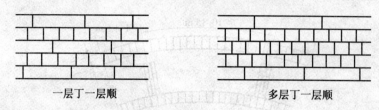

一层丁一层顺　　　　　　　　　　　多层丁一层顺

图 3.30　重力坝面石错缝砌筑示意图

同一层石的相邻石面高差可为 3～5 cm。背水坝坡可为斜坡,也可砌成台阶形。

细石混凝土砌腹石时,坐浆通常用一级配混凝土或水泥砂浆。铺浆的厚度通常比规定缝厚大 1/3,铺石后稍有下沉,使水平缝胶结料密实饱满。竖缝以二级配混凝土浇灌,缝宽通常为 8～10 cm,以振捣器便于插入振捣为宜。

讲 69:坝体特殊部位砌筑施工

1. 坝基

坝基与基岩结合面处理得好坏与否,直接关系到大坝的安全,所以在施工操作上,对结合面的处理必须认真细致地做好,使其达到设计要求。通常在砌筑之前,应先对砌筑基面进行检查验收,当符合要求时才允许在其上砌筑。砌筑前,应先铺一层厚 3～5 cm M10 以上的水泥砂浆,然后浇筑厚度宜在 0.3 m 以上、强度等级在 C10～C15 之间的混凝土垫层,以改善基础的受力状态和砌体与基岩之间的结合。有的工程在垫层混凝土初凝之前立即铺砌一层石料,以加强砌石与垫层混凝土面的结合。多数工程混凝土达到一定强度后再进行坝体的砌筑,开砌前,将垫层混凝土面按照施工缝进行处理。

砌体与两岸坝肩基岩之间的混凝土垫层浇筑,通常是先进行坝体砌石,在坝体砌石与基岩之间留下混凝土垫层厚度的空隙(0.5～1.5 m),每砌石 1～2 层高度后,进行一次混凝土垫层的浇筑。有些拱坝,为加强拱座与基岩的整体性,通常布设构造钢筋和锚筋。

2. 坝的倒悬坡

通常沿弧长方向每 2～3 m 设置一个标准断面来控制倒悬坡的砌筑。标准断面的放样可用埋入坝体的水平悬出钢标钎,分别量出各高程的倒悬水平距离,如图 3.31 所示;也可用活动坡度尺控制砌筑断面。

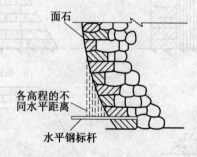

面石

各高程的不
同水平距离

水平钢标杆

图 3.31　水平钢钎插放样法

坝体每砌高 2～3 m,须用仪器检查放样一次,纠正误差。双曲拱坝倒悬坡通常包括三种砌法:

(1)水平安砌法。倒悬坡的面石,其外露面按照坝体不同高程的不同倒悬度逐块加工并且编号,以便对号安砌。要求外露面凹凸不得大于 1.5 cm。由于石料表面已加工成倒悬坡面。所以石料均可水平安砌,并且与腹石能直接结合。该砌筑方法不需搭脚手架,坝体外表美观,勾缝方便,但是石料加工成本较高。水平安砌法多用于未设防渗面板的中型砌石拱坝工程。

(2)倒阶梯逐层挑出安砌法。为节省石料加工费用,有的工程采取逐层按照倒悬度挑出成倒阶梯形的方法砌筑,施工也方便。挑出的倒阶梯三角部分应在设计线以外,以保证坝体满足设计断面尺寸,如图 3.32 所示,但是要求每层挑出尺寸不得超过该条石长度的 1/5 ~ 1/4。该安砌方法的缺点是坝面勾缝不便,质量不易保证。

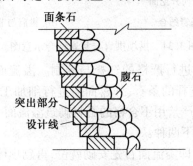

图 3.32 倒阶梯逐层挑出安砌法

(3)面石斜砌安砌法。面石稍加修整,按照设计倒悬度倾斜安砌,如图 3.33 所示,砌筑斜面石后,应及时浇筑背后的混凝土或砌腹石。砌筑时应特别注意下一层面石的胶结材料强度,未达到 2.45 MPa 以上时,不能砌筑上一层倾斜面石,防止倒塌。

当倒悬度大于 0.3 时,应搭设临时支撑,以策安全。

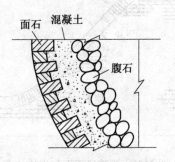

图 3.33 面石倾斜安砌法

3. 拱座

为保证拱圈巨大轴向推力的传递,要特别注意拱端坝肩石料的安砌。若条件许可,应将坝肩基础开凿成拱圈径向面,砌筑前先在基岩上抹一薄层高强度等级水泥砂浆(以略厚于基岩凹凸面为准),然后安砌坝肩拱座。若地形地质条件不可能开凿成径向面,可在清基的基础上用大于 C15 的混凝土填筑,人工改造为径向面或半径向面,然后再安砌坝肩拱座,如图 3.34 所示。

4. 浆砌条石溢流面

溢流面是砌石坝的过水部分,它经常遭受高速水流冲刷和磨蚀,所以对溢流面的施工(例如线型和平整度)有很高的质量要求。

为了使浆砌料石溢流面具有足以抵御负压力以及高速水流的冲蚀和磨蚀,必须对石料、

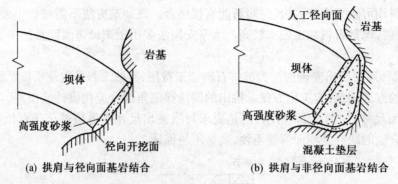

(a) 拱肩与径向面基岩结合　　(b) 拱肩与非径向面基岩结合

图3.34　拱坝拱肩与基岩结合示意图

胶结材料以及溢流面不平整度进行严格的选择与控制。溢流面的料石强度等级应不低于MU80,砂浆不低于M15,经过选择的条石,外露面需进行细加工,石料表面和相邻石料间的凹凸不平整度不能大于5 mm,严禁用不合格的石料砌筑溢流面。

溢流面的砌筑方法包括以下两种:

(1)与坝体同层整体砌筑,即溢流面石先安砌就位,再砌坝体;

(2)先砌坝体,预留出溢流面砌石部分(其垂直厚度不小于1m),待溢流段坝体砌筑完成后,再砌筑溢流面面石。该砌筑方法,要求坝体砌筑时以台阶收坡,有利于和溢流面面石的整体结合,如图3.35所示。

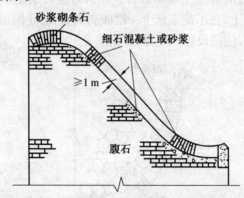

图3.35　溢流段面石与坝体结合

溢流面可以全部用不短于60 cm的长、短条石丁砌,也可以丁顺相间安砌,但是在水流方向以及垂直水流方向均需错缝,并且应仔细灌饱灰缝。每砌高约3 m后,用不低于M20的水泥砂浆深勾平缝(缝深不小于6 cm),砂浆的稠度通常不大于2 cm。

讲70:坝体勾缝

水泥砂浆深勾缝防渗是在浆砌石坝的迎水面,将砌石的外露缝隙,修凿成缝深为3～5 cm的凹槽,用M10～M15水泥砂浆填塞压实,以防止库水沿灰缝通道向下游渗漏。

坝面勾缝的施工方法大致可以分为以下两种形式:一是坝体每砌完一级(约2 m左右),进行一次勾缝;二是随砌随勾缝。

通常的施工顺序是开缝、冲洗、勾缝以及养护共四道工序。

(1)开缝。将坝体表面的灰缝用小錾子开凿成矩形或梯形槽缝,缝宽2～4 cm,深3～

5 cm,要求全缝呈现新鲜錾路。

（2）冲洗。开好的缝必须用水冲洗干净,不得有残留灰渣和积水。

（3）勾缝。通常多采用水灰比约1∶0.3～1∶0.4、灰砂比1∶1.5～1∶2的水泥砂浆进行勾缝,先将洗刷干净的缝腔填满、压实,再用小抿子在缝口灰浆面来回拖压两三次,使其密实光滑。通常多勾成平缝。若设计上有美观要求,可勾成凸缝或凹缝。

勾缝注意事项如下:

1）通常每砌一级进行一次勾缝。勾缝时,为了人工操作的安全,需要搭设勾缝安全脚手架。

2）勾缝的时间选择在石料砌缝中胶结材料初凝时进行,以有利于勾缝砂浆和砌体缝隙中胶结材料的紧密结合。

3）嵌缝用砂浆强度等级通常高于坝体砌石胶结材料的强度等级,砂料粒径控制在0.25 mm以下,灰水比通常为1∶0.3～1∶0.4,灰砂比1∶1.5～1∶2。

4）当坝面岩石坚硬凿打不易时,常在坝面砌石坐浆缝面的外沿用木条支垫,勾缝前拆除木条,露出宽为3～4 cm、深为3～5 cm的嵌缝。多数工程因该法在水平砌缝中支垫木条,施工麻烦,而多按照坐浆形成的水平缝和摆砌石块预留的竖缝进行勾缝防渗。勾缝前对缝隙进行捣毛。除去石屑、砂浆、洗刷干净,保持湿润即可进行勾缝。为加强深勾缝防渗效果,有的工程在上游面石的背后也进行砂浆嵌缝。

（4）养护。勾缝完毕3 h后,即可进行喷水养护。养护时间应适当长些,通常为21 d,以提高灰缝的强度。

3.5　其他石砌体工程施工

讲71:毛石挡土墙砌筑

石挡土墙包括毛石挡土墙、料石挡土墙。

砌筑料石挡土墙,宜采用梅花丁组砌形式(同皮内丁石和顺石相同)。当中间部分用毛石填砌时,丁砌料石伸入毛石部分的长度不应小于200 mm。

砌筑石挡土墙,应按照设计要求收坡或收台,设置伸缩缝和泄水孔。

泄水孔应均匀设置,在挡土墙每米高度上间隔2 m左右设置一个泄水孔。泄水孔可采用预埋钢管或硬塑料管方法留置。泄水孔周围的杂物应清理干净,并且在泄水孔与土体间铺设长宽均为300 mm、厚200 mm的卵石或碎石作疏水层。

挡土墙内侧回填土必须分层填实,分层填土厚度应为300 mm,墙顶土面应有适当坡度使水流向挡土墙外侧面。

讲72:渠道干砌卵石衬砌施工

卵石的特点是表面光滑,没有棱角,与其他石料相比,单个卵石的大小尺寸和重量都比较小,形状不一,在外力作用下,稳定性较差,但是由于卵石能够就地取材,造价低廉,在砌筑技术上比较简单,容易养护。所以,卵石砌筑施工早已应用于某些砂质土壤或砂砾地带的渠道抗冲和一般小型水利工程的防护工程中。干砌卵石衬砌渠道的施工方法如下:

1. 清基与垫层

渠道挖成以后,要进行必要的清基工作。渠道断面一定要严格掌握,高程、边坡以及宽度都应符合设计标准。为了避免砌筑中有个别大卵石抵住基土使砌体表面不平整,开挖时应比衬砌厚度略大3~5 cm。一般要求开挖面的凹凸度不超过±5 cm。基土内的杂质和局部软基必须清除干净,或作相应处理。否则,将会降低工程质量,增加砌筑困难。为了防止较高流速的水流对基土的淘刷,需在卵石层下铺设垫层(反滤层),流速较大,铺设垫层工作越为重要,质量要求也更严格。基土若为一般土壤,垫层应为两层,分别为粗砂和砾石,各层厚度约15 cm;基土若为砂砾时,只铺一层砾石即可。

2. 砌筑

(1)选料与衬砌要求。衬砌渠道用的卵石应根据当地产石情况,尽可能挑选符合要求的卵石。通常外形稍带扁平而且大小均匀的卵石为最好,其次是椭圆形或块状的卵石。圆球形卵石不易砌筑,禁止使用,三角石或其他扁长不合规格的石块仅用于水上部分。

卵石砌筑的关键,是要求砌缝紧密、不易松动。因此在砌筑时要求:

1)按照整齐的梅花形砌法,六角靠紧,只准有三角缝,不得有"鸡抱蛋"或四角眼,即中间一块大石,四周一圈小石,如图3.36所示。

2)卵石长径与渠底或边坡应垂直,即采用立砌法。石块不应前伏后仰、左右歪斜或砌成台阶,否则卵石不能靠紧,容易松动。

(a) 正确　　　　　　　　　　　　鸡抱蛋　　　四角眼

　　　　　　　　　　　　　　　　　　　(b) 错误

图3.36　干砌卵石砌筑方法

3)砌筑时,注意挑选石料,每行卵石力求长短薄厚相近,行列力求整齐,相邻各行卵石也应力求大体均匀,以便行与行之间均匀地错缝并且对准叉口,使其结合紧密。不准乱插花,不要砌成"鸡抱蛋"。

4)卵石一律应坐落在垫层上,不能由一两颗小石支撑悬空。

5)相邻卵石接触点最好大致在一个平面上,建议一律小头朝外,大头朝里。

(2)砌底。砌筑渠底时,应将卵石较宽面的侧面垂直水流方向立砌,如图3.37所示。该砌法的优点是避免产生大于卵石长度的顺水缝子,使小个的卵石也可以很坚固地夹在大卵石的中间,有利于整个砌石断面的稳定和安全。

为了避免局部漩涡水流可能产生的破坏,砌筑时,要严禁将卵石平铺散放,而应由下游向上游一排紧挨一排地铺砌。同排卵石的厚薄应尽量一致,每块卵石应略向下游倾斜,禁止砌成逆水缝子。

另外,要求底面一定要铺设平整,并且最好每隔10~15 m浆砌一道卵石截墙。截墙宽约40~50 cm,以增加铺底的整体稳定,该截墙对质量不好的渠道,可以防止局部破损处的迅速扩大,以便对砌体及时进行抢修。

根据施工实践,在渠道砌筑中,先砌渠底,后砌渠坡比较合理,这是因为:

1)渠底比渠坡更为重要。先砌渠底,在石料选择上可以优先满足渠底砌筑要求;质量稍次的石料可留下最后砌在水上部位。

2)先砌渠底,便于底坡之间的衔接,减少明显的接缝。特别是在砌筑渠底时,可事先把坡脚石安放稳固,有利渠坡的稳定。

3)先砌渠底,便于石料运输,减少施工干扰。

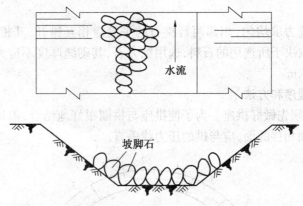

图3.37 铺底的正确砌法

(3)砌坡。干砌卵石衬砌渠道的边坡是最容易受到损坏的部位。所以,砌坡是渠道衬砌的关键工序,必须严格掌握坡面整齐、石头紧密以及互相错缝等原则。砌筑时,坡面要挂坡线,按照坡线自下而上分层砌筑。卵石的长径轴线方向要垂直坡面,一律立砌,严禁平铺,如图3.38所示。从基脚第一层石头(坡脚石)开始,就要为坡面立砌创造条件。若卵石大小不一,应由下而上,先砌大的,逐渐砌小的。

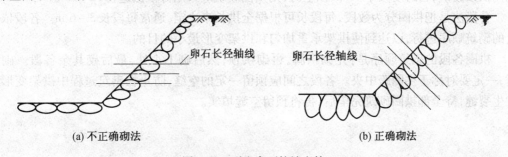

图3.38 干砌卵石护坡砌筑

(4)养护。为了增强砌体的密实性,铺砌卵石时,应将较大的砌缝用小石塞紧,进行灌缝和卡缝工作。灌缝用的石子应尽量大一些,使水流不易淘走。缝不必灌满,通常要求灌半缝,但是要求落实,不要架在中间。灌缝以后再进行卡缝。卡缝是用小石片,用木榔头或石块轻轻砸入缝隙中,用力不宜过猛,以防砌体震松。

上述工作完毕后,必须进行养护。其方法是先将砌体普遍扬铺一层砂砾,然后放少量的水进行放淤,一边过水,一边投放砂砾和碎土,直至石缝被泥沙填实为止。

讲73:桥、涵拱圈砌筑施工

浆砌拱圈适用于通常小跨度的单孔桥拱和涵拱施工,施工方法及步骤如下:

1. 石料选择

拱圈的石料一般为经过加工的方石,石块厚度不应小于15 cm。石块的宽度是其厚度的1.5~2.5倍,长度是厚度的2~4倍。拱圈所用的石料应凿成楔形(上宽下窄),若不用楔形石块,则应用砌缝宽度的变化来调整拱度,但是砌缝厚薄相差最大不应超过1 cm。每一石块的面应与拱压力线垂直。所以,拱圈砌体的方向应对准拱的中心。

2. 拱圈的砌缝

浆砌拱圈的砌缝力求均匀,相邻两行拱石的平缝应相互错开,其相错的距离不得小于10 cm。砌缝的厚度取决于所选用的石料,选用细方石,其砌缝厚度不应大于1 cm;选用粗方石,砌缝不应大于2 cm。

3. 拱圈的砌筑程序和方法

拱圈砌筑前,必须先做好拱座。为了使拱座与拱圈很好地结合,需用起拱石,如图3.39所示。起拱石与拱圈相接的面,应与拱的压力线垂直。

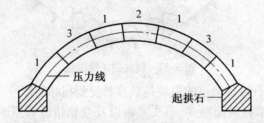

图3.39　拱圈的砌筑程序

当跨度在10 m以下时,拱圈的砌筑通常应沿拱的全长和全厚,同时由两边起拱石对称地向拱顶砌筑;当跨度大于10 m以上时,则拱圈砌筑应采用分段法进行。

分段法是把拱圈分为数段,每段长可根据全拱长来决定,通常每段长3~6 m。各段依一定的砌筑顺序进行,以达到使拱架承重均匀和拱架变形最小的目的。

拱圈各段的砌筑顺序是:先砌拱脚,再砌拱顶,然后砌1/4处,最后砌其余各段。砌筑时,一定要对称于拱圈跨中央。各段之间应预留一定的空缝,防止在砌筑过程中拱架变形而发生裂缝,待全部拱圈砌筑完毕后,再将预留空缝填实。

4 砌块砌体工程施工细部做法

4.1 混凝土小型空心砌块砌筑

讲74:一般构造要求

(1)混凝土小型空心砌块砌体所用的材料,除满足强度计算要求外,还要符合下列要求:

1)对室内地面以下的砌体,需采用普通混凝土小砌块和不低于 M5 的水泥砂浆。

2)五层及五层以上民用建筑的底层墙体,需采用不低于 MU5 的混凝土小砌块和 M5 的砌筑砂浆。

(2)在墙体的下列部位,应使用强度等级不低于 C20(或 Cb20)的混凝土灌实小砌块的孔洞:

1)底层室内地面以下或防潮层以下的砌体;

2)无圈梁的楼板支撑面下的一皮砌块;

3)没有布置混凝土垫块的屋架、梁等构件支承面下,高度不应小于 600 mm,长度不应小于 600 mm 的砌体;

4)挑梁支撑面下,距墙中心线每边不应小于 300 mm,高度不应小于 600 mm 的砌体。

砌块墙和后砌隔墙交接处,应沿墙高每隔 400 mm 在水平灰缝内布置不少于 2ϕ4、横筋间距不大于 200 mm 的焊接钢筋网片,钢筋网片进入后砌隔墙内不应小于 600 mm(图 4.1)。

讲75:夹心墙构造

混凝土砌块夹心墙由内叶墙、外叶墙及其间拉结件组成(图 4.2)。内外叶墙间设置保温层。

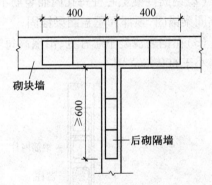

图 4.1 砌块墙与后砌隔墙交接处钢筋网片

内叶墙应用主规格混凝土小型空心砌块,外叶墙应用辅助规格(390 mm×90 mm×190 mm)混凝土小型空心砌块。拉结件应用环形拉结件、Z 形拉结件或钢筋网片。砌块强度等级不应低于 MU10。

当应用环形拉结件时,钢筋直径不应小于 4 mm;当应用 Z 形拉结件时,钢筋直径不应小于 6 mm。拉结件应沿竖向梅花形设置,拉结件的水平和竖向最大间距分别不宜大于 800 mm 及 600 mm;对有振动或有抗震设防要求时,其水平和竖向最大间距分别不宜大于 800 mm 和 400 mm。

当应用钢筋网片作拉结件,网片横向钢筋的直径不宜小于 4 mm,其间距不宜大于 400 mm;网片的竖向间距不宜大于 600 mm,对有振动或有抗震设防要求时,不宜大于 400 mm。

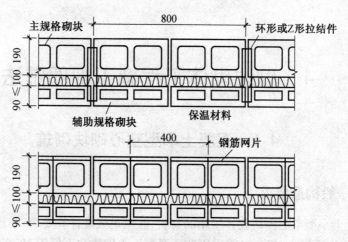

图 4.2　混凝土砌块夹心墙

拉结件在叶墙上的搁置长度,不宜小于叶墙厚度的2/3,并不宜小于60 mm。

讲76:芯柱设置

墙体的下列部位宜设置芯柱:

(1)在外墙转角、楼梯间四角的纵横墙交接处的三个孔洞,应设置素混凝土芯柱;

(2)五层和五层以上的房屋,应在上述部位布置钢筋混凝土芯柱。

芯柱的构造要求如下:

(1)芯柱截面不应小于120 mm×120 mm,最好用不低于C20的细石混凝土浇灌;

(2)钢筋混凝土芯柱每孔内插竖筋不得小于1φ10,底部应伸入室内地面下500 mm或与基础圈梁锚固,顶部和屋盖圈梁锚固;

(3)在钢筋混凝土芯柱处,沿墙高每隔600 mm应设置φ4钢筋网片拉结,每边伸入墙体不得小于600 mm(图4.3);

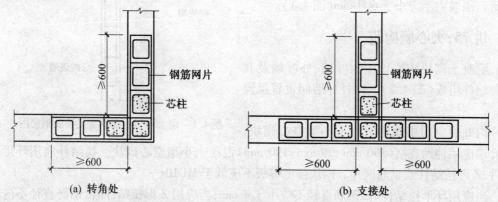

(a) 转角处　　　　　　　　　　　　　　(b) 支接处

图 4.3　钢筋混凝土芯柱处拉筋

(4)芯柱应沿房屋的全高贯通,并和各层圈梁整体现浇,可采用图4.4所示的做法。

在6~8度抗震设防的建筑物中,应按照芯柱位置要求设置钢筋混凝土芯柱;对医院、教学楼等横墙较少的房屋,应根据房屋增加一层的层数,按表4.1的要求设置芯柱。

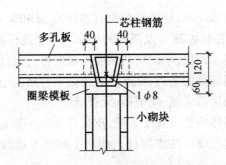

图 4.4 芯柱贯穿楼板的构造

表 4.1 抗震设防区混凝土小型空心砌块房屋芯柱设置要求

房屋层数			设置部位	设置数量
6 度	7 度	8 度		
四	三	二	外墙转角、楼梯间四角、大房间内外墙交接处	外墙转角灌实 3 个孔;内外墙交接处灌实 4 个孔
五	四	三		
六	五	四	外墙转角、楼梯间四角、大房间内外墙交接处,山墙与内纵墙交接处,隔开间横墙(轴线)与外纵墙交接处	
七	六	五	外墙转角,楼梯间四角,各内墙(轴线)与外墙交接处;8 度时,内纵墙与横墙(轴线)交接处和洞口两侧	外墙转角灌实 5 个孔;内外墙交接处灌实 4 个孔;内墙交接处灌实 4 ~ 5 个孔;洞口两侧各灌实 1 个孔

　　芯柱竖向插筋应贯通墙身且和圈梁连接;插筋不应小于 $1\phi12$。芯柱应伸入室外地下 500 mm 或锚入浅于 500 mm 基础圈梁内。芯柱混凝土需贯通楼板,当采用装配式钢筋混凝土楼板时,可采用图 4.5 的方式实施贯通措施。

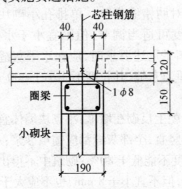

图 4.5 芯柱贯通楼板措施

　　抗震设防地区芯柱和墙体连接处,应设置 $\phi4$ 钢筋网片拉结,钢筋网片每边伸入墙内不应小于 1 m,且沿墙高隔 600 mm 设置。

讲 77:小砌块施工

施工采用的小砌块的产品龄期不得小于 28 d。

普通混凝土小砌块不宜浇水,如果遇天气干燥炎热,宜在砌筑前对其喷水润湿;对轻骨料混凝土小砌块宜提前浇水湿润,块体的相对含水率宜为40%~50%。雨天及小砌块表面有浮水时,禁止施工。龄期不足28 d及潮湿的小砌块不能进行砌筑。

应尽可能采用主规格小砌块,小砌块的强度等级应符合设计要求,并应清除小砌块表面污物及芯柱用小砌块孔洞底部的毛边,剔除外观质量不合格的小砌块。

承重墙体使用的小砌块需完整、无破损、无裂缝。

在房屋四角或楼梯间转角处设置皮数杆,皮数杆间距不能超过15 m。皮数杆上应画出各皮小砌块的高度及灰缝厚度。在皮数杆上相对小砌块上边线之间拉准线,小砌块依靠准线砌筑。

小砌块砌筑应从转角或定位处开始,内外墙一同砌筑,纵横墙交错搭接。外墙转角处需使小砌块隔皮露端面;T字交接处需使横墙小砌块隔皮露端面,纵墙在交接处改砌两块辅助规格小砌块(尺寸为290 mm×190 mm×190 mm,一头开口),所有露端面用水泥砂浆抹平(图4.6)。

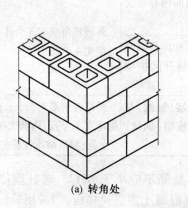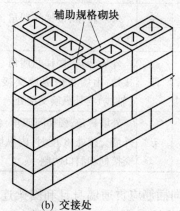

辅助规格砌块

(a) 转角处　　　　　　(b) 交接处

图4.6　小砌块墙转角处及T字交接处砌法

小砌块墙体应孔对孔、肋对肋错缝搭砌。单排孔小砌块的搭接长度需为块体长度的1/2;多排孔小砌块的搭接长度可适当调节,但不宜小于水砌块长度的1/3,且不宜小于90 mm。墙体的个别部位无法满足上述要求时,应在水平灰缝中设置拉结筑或2φ4钢筋网片,钢筋网片每端都应超过该垂直灰缝,其长度不能小于300 mm(图4.7),但竖向道缝仍不能超过两皮小砌块。

小砌块应将生产时的底面朝上反砌在墙上;小砌块墙体宜逐块坐(铺)浆砌筑。

小砌块砌体的灰缝应横平竖直,全部灰缝都应铺填砂浆;水平灰缝的砂浆饱满度不能低于90%;竖向灰缝的砂浆饱满度不能低于80%;砌筑中不得出现瞎缝、透明缝。水平灰缝厚度及竖向灰缝宽度宜为10 mm,但不宜小于8 mm,也不应大于12 mm。当缺少辅助规格小砌块时,砌体通缝不得超过两皮砌块。

墙体转角处与纵横交接处应同时砌筑。临时间断处应砌成斜槎,斜槎水平投影长度不得小于斜槎高度(通常按一步脚手架高度控制);如留斜槎有困难,除外墙转角处和抗震设防地区,砌体临时间断处不宜留直槎外,可从砌体面伸出200 mm砌成阴阳槎,并沿砌体高每三皮砌块(600 mm),设置拉结筋或钢筋网片,接槎部位宜延至门窗洞口(图4.8)。

在散热器、厨房及卫生间等设备的卡具安装处砌筑的小砌块,应在施工前用强度等级不

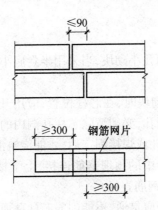

图 4.7 水平灰缝中拉结筋

低于 C20（或 Cb20）的混凝土将其孔洞灌实。

承重砌体禁止使用断裂小砌块或壁肋中有竖向凹形裂缝的小砌块砌筑；也不得使用小砌块与烧结普通砖等其他块体材料混合砌筑。

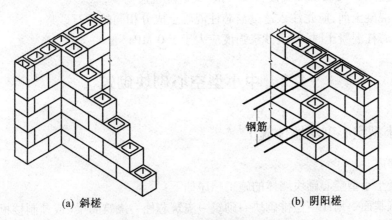

(a) 斜槎   (b) 阴阳槎

图 4.8 小砌块砌体斜槎和直阴阳槎

小砌块砌体内不宜设置脚手眼，如必须设置时，可用辅助规格 190 mm×190 mm×190 mm 小砌块侧砌，利用其孔洞作为脚手眼，砌体完工后用 C15 混凝土填实。但在砌体下列部位禁止设置脚手眼：

（1）过梁上部，与过梁成 60°角的三角形及过梁跨度 1/2 范围内；

（2）宽度不超过 800 mm 的窗间墙；

（3）梁与梁垫下及左右各 500 mm 的范围内；

（4）门窗洞口两侧 200 mm 内及砌体交接处 400 mm 的范围内；

（5）设计规定不允许设脚手眼的部位。

小砌块砌体相邻工作段的高度差不能大于一个楼层高度或 4 m。

常温条件下，普通混凝土小砌块的日砌筑高度通常控制在 1.8 m 内；轻骨料混凝土小砌块的日砌筑高度通常控制在 2.4 m 内。

对砌体表面的平整度及垂直度，灰缝的厚度和砂浆饱满度应随时检查，校正偏差。在砌完每一楼层后，应校核砌体的轴线尺寸及标高，允许范围内的轴线及标高的偏差，可在楼板面上加以校正。

讲78:芯柱施工

芯柱部位应采用不封底的通孔小砌块,当采用半封底小砌块时,砌筑前必须磨光孔洞毛边。

在楼(地)面砌筑第1皮小砌块时,在芯柱位置,应用开口小砌块(或U形砌块)砌出操作孔。在操作孔侧面宜留出连通孔,必须清除芯柱孔洞内的杂物并削掉孔内凸出的砂浆,用水冲洗干净,校正钢筋位置并绑扎或焊接固定后,才能浇筑混凝土。

芯柱钢筋应和基础或基础梁中的预埋钢筋连接,上下楼层的钢筋可在楼板面上进行搭接,搭接长度不应小于40d(d为钢筋直径)。

小砌块砌体的芯柱在楼盖处应贯通,不能削弱芯柱截面尺寸;芯柱混凝土不能漏灌。

浇筑芯柱混凝土应符合下列规定:

(1)每次连续浇筑的高度宜为半个楼层,但不应大于1.8 m;

(2)清除孔内掉落后砂浆等杂物,并用水冲淋孔壁;

(3)每浇筑400~500 mm高度捣实一次,或边浇筑边捣实;

(4)浇筑混凝土前,应先注入适量与芯柱混凝土成分相同的去石砂浆;

(5)浇筑芯柱混凝土时,砌筑砂浆强度应大于1.0 MPa。

4.2　中小型空心砌块砌筑

讲79:小型空心砌块墙体施工

1.施工顺序

普通混凝土小型空心砌块墙体的施工顺序如下:

清理砌筑基面→划线→预排砌块→砌筑→浇筑芯柱→浇筑圈梁(或预制楼板等)→清理砌体墙表面→墙面抹灰→验收。

2.施工步骤

(1)清理砌筑基面。首先应将砌筑基面的杂物、浮尘、油污清除干净。

(2)划线、预排砌块。对即将砌筑的砌体所在位置划线,并按照建筑设计图来排列砌块,最好不要出现非整块的砌块,尽可能采用主规格砌块。

(3)砌筑。砌筑时要根据要求布置必要的拉结钢筋或网片。

(4)浇筑芯柱。根据设计进行砌体的钢筋混凝土芯柱的浇筑。

(5)浇筑圈梁或预制楼板等。根据设计要求予以砌体的钢筋混凝土圈梁的浇筑,或者安装预制楼板、挑梁、过梁等。

(6)墙面抹灰。砌块墙体砌筑完后,可进行必要的清理,然后进行墙面的抹灰。

3.施工注意事项

(1)砌体的砌筑。

1)承重墙体禁止采用砌块与黏土砖等混砌。

2)普通混凝土小型空心砌块不应浇水;当天气干燥炎热时,可在砌块上略微喷水润湿;轻骨料混凝土小型空心砌块在施工前可洒水,但不能过多。

3）龄期不足 28 d 及潮湿的小砌块不能进行砌筑。

4）应在房屋四角或楼梯间转角处设置皮数杆,皮数杆间距不宜超过 15 m。

5）从转角或定位处开始,内外墙同时砌筑,纵横墙交错搭接;外墙转角处禁止留直槎,宜从两个方面同时砌筑;墙体临时间断处需砌成斜槎,斜槎长度不应小于高度的 2/3(通常按一步脚手架高度控制)。如留斜槎有困难,除外墙转角处和抗震设防地区,墙体临时间断处不应留直槎外,可从墙面伸出 200 mm 砌成阴阳槎,并沿墙高每三皮砌块(600 mm),设置拉结筋或钢筋网片。接槎部位宜延至门窗洞口。

6）应对孔错缝搭砌。个别情况当无法对孔砌筑时,普通混凝土小砌块的搭接长度不得小于 90 mm。轻骨料混凝土小砌块不得小于 120 mm。当无法保证此规定时,应在灰缝中设置拉结钢筋或网片。

7）禁止使用断裂小砌块或壁肋中有竖向凹形裂缝的小砌块砌筑承重墙体。

8）砂浆的强度等级和品种必须满足要求。砌筑砂浆必须搅拌均匀,随拌随用,盛入灰槽(盆)内的砂浆如果有泌水现象时,应在砌筑前重新拌和。水泥砂浆与水泥混合砂浆应分别在拌成后 3 h 与 4 h 内用完,施工期间最高气温超过 30℃,必须分别在 2 h 与 3 h 内用完。砂浆稠度,用于普通混凝土小砌块时宜为 50 mm,用于轻骨料混凝土小砌块时宜为 70 mm。

9）砌筑前要先铺砂浆,第一排铺浆厚度应不小于 20 mm,以上各排水平缝厚度 8 ~ 12 mm;垂直缝宽度是 8 ~ 12 mm;操作中随砌随将舌头灰刮净;使用的砂浆不能过夜。

10）应尽可能采用主规格砌块;从转角处或定位处开始砌筑,内外墙需同时进行,纵、横墙交错搭接。

11）砌筑时,应将砌块底面朝上砌筑(反砌);这是因为采取反砌时,孔洞上小下大,灰缝的抗压强度比"正砌"大,而且有利于铺砂浆(尤其是对于半封底砌块)。

砌筑时,空心砌块的砂浆铺法通常有满铺和挂铺两种,如图 4.9 中的(a)和(b)。但是就砌体强度而言,满铺较高。采用满铺法时,砌块端头面铺浆难以操作(竖向铺浆)。不能达到很饱满,如图 4.9 中的(c),所以在操作中可先将砌块的端面朝上排列,均匀铺满砂浆,然后再砌筑。如图中的 4.9(d)。

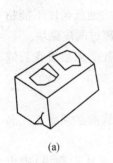 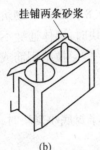 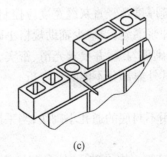 

挂铺两条砂浆

铺砂浆

(a)　　　　　(b)　　　　　(c)　　　　　(d)

图 4.9　混凝土小型空心砌块的砂浆铺法

砌筑要注意,砌块之间宜对孔错缝搭砌,个别情况下不能对孔砌筑时,允许错孔砌筑,但其搭接长度不应小于 90 mm,若不能保证时,应在灰缝中设置拉结钢筋。

12）砌体的临时间断处应砌成斜槎,斜槎的长度不宜小于高度的 2/3。如果留斜槎有困难时,除转角处外,也可砌成直槎,但必须采取拉结网片或其他措施,以保证连接牢靠。

13）需要移动已砌好砌体的小砌块或被撞动的小砌块时,需重新铺浆砌筑。

14）小砌块用来框架填充墙时,应与框架中预埋的拉结筋连接,当填充墙砌到顶面最后一皮,与上部结构的接触处宜用实心小砌块斜砌楔紧。

15）对设计规定的洞口、管道、沟槽及预埋件等,应在砌筑时预留或预埋。禁止在砌好的墙体上打凿。在小砌块墙体中不能预留水平沟槽。

16）砌体内不宜设置脚手眼,如必须设置时,可用190 mm×190 mm×190 mm小砌块侧砌,利用其孔洞作为脚手眼,砌体完工后用C15混凝土填实。但在墙体下列部位不能设置脚手眼。

过梁上部,与过梁成60°角的三角形及过梁跨度1/2范围内:

①宽度不超过800 mm的窗间墙;

②梁和梁垫下及其左右各500 mm的范围内;

③门窗洞口两侧200 mm内及墙体交接处100 mm的范围内;

④设计规定不允许设置脚手眼的部位。

17）对墙体表面的平整度和垂直度、灰缝的厚度和饱满度应时常检查,校正偏差。在砌完每一楼层后,应校核墙体的轴线尺寸及标高,允许范围内的轴线及标高的偏差,可在楼板面上进行校正。

18）安装预制梁板时,必须座浆垫平。

19）施工中需要在砌体中设置的临时施工洞口,其侧边离交接处的墙面不得小于600 mm,并在顶部设置过梁;填砌施工洞口的砌筑砂浆强度等级应提高一级。

20）砌筑高度应根据气温、风压、墙体部位和小砌块材质等不同情况分别控制。常温条件下的日砌筑高度,普通混凝土小砌块控制在1.8 m内;轻骨料混凝土小砌块控制在2.4 m内。

21）砌体的灰缝要求。

①砌体灰缝应横平竖直,全部灰缝都应铺填砂浆;水平灰缝的砂浆饱满度不能低于90%,竖缝的砂浆饱满度不能低于80%;砌筑中不得出现瞎缝、透明缝;砌筑砂浆强度没有达到设计要求的70%时,不能拆除过梁底部的模板。

②砌体的水平灰缝厚度及竖直灰缝宽度应控制在8~12 mm,砌筑时的铺灰长度不能超过800 mm;禁止用水冲浆灌缝;当缺少辅助规格小砌块时,墙体通缝不能超过两皮砌块。

③清水墙面,应随砌随勾缝,并要求光滑、密实、平整。拉结钢筋或网片必须放置在灰缝和芯柱内,不得漏放,其外露部分不能随意弯折。

（2）芯柱的要求。

1）芯柱部位应采用不封底的通孔小砌块,当采用半封底小砌块时,砌筑前必须磨光孔洞毛边。

2）在楼（地）面砌筑第1皮小砌块时,在芯柱位置,应用开口小砌块（或U形砌块）砌出操作孔。在操作孔侧面宜留出连通孔,必须清除芯柱孔洞内的杂物并削掉孔内凸出的砂浆,用水冲洗干净,校正钢筋位置并绑扎或焊接固定后,才能浇筑混凝土。

3）芯柱钢筋应和基础或基础梁中的预埋钢筋连接,上下楼层的钢筋可在楼板面上进行搭接,搭接长度不应小于40d（d为钢筋直径）。

4）砌完一个楼层高度后,应连续浇灌芯柱混凝土。每浇灌400~500 mm高度捣实一次,或边浇灌边捣实。浇灌混凝土前,先注入适量水泥浆;禁止灌满一个楼层后再捣实,宜使用机械捣实;混凝土坍落度不应小于 50 mm。

5)芯柱与圈梁应整体现浇,如果采用槽形小砌块作圈梁模壳时,其底部需留出芯柱通过的孔洞。

6)楼板在芯柱部位应留缺口,确保芯柱贯通;

7)砌筑砂浆必须达到一定强度后(≥1.0 MPa)才能浇灌芯柱混凝土。

8)芯柱施工中,应设专人检查混凝土灌入量,以保证灌注饱满。

(3)墙面抹灰。

1)清理砌体浮灰杂物,用水泥砂浆填塞孔洞、水电管槽或梁、柱、板与砌体之间的缝隙,宜在前一天浇水湿润。

2)应用素水泥浆或 108 胶等水泥浆满涂砌体面。厚度宜在 3 mm 左右,表面应粗糙。

3)抹底灰,应按照设计要求配制砂浆。如找平困难,需要加厚时,应分层分次逐步增加,每层每次厚度不应大于 10 mm。每次间隔时间,应等到第一次抹灰终凝后,严禁连续作业。

4)门窗框与墙的交接应分层填嵌密实。外墙窗台、雨罩、压顶需做好流水坡度及滴水线槽。外墙勾缝应用水泥砂浆,不宜作凸线。

5)水泥砂浆抹灰层应在湿润条件下养护,抹灰后喷水养护时间不能少于 3d。

4. 墙体防裂

1)一座楼号应采用同一小砌块生产企业的产品。

2)墙体砌筑时应使用水泥混合砂浆。宜孔对孔、肋对肋错缝砌筑。

3)墙面抹灰宜留间隔缝。

4)现浇圈梁以下砌体灰缝强度达到一定强度后(f_2——砂浆强度平均值≥2.0 MPa)才能安装模板、放置钢筋、振捣混凝土。

5)外墙面抹灰宜在砌体砌筑完后 60 d 进行外墙抹灰装饰。外墙基层抹灰厚度要均匀,通常以 12 mm 为佳,宜分两次抹灰。

6)内墙宜采用木冲筋。

7)铺贴外墙面时,应核检面砖的抗渗性能,不符合要求的面砖禁止上墙。在铺贴基层面时增涂一层 2 mm 厚 801 胶等水泥浆。

8)夹芯保温复合外墙饰面采用 90 mm 厚装饰混凝土小砌块,抗压强度不得小于 7.5 MPa,抗渗不合格禁止上墙。

9)清水墙、夹芯保温外墙的装饰混凝土小砌块饰面墙灰缝,应勾成泻水缝(即上斜缝)。

10)混凝土构配件与小砌块砌体相接处抹灰前应在外墙面铺钉金属网,金属网和基体搭接宽度不应小于 100 mm,并绷紧牢固,不应有反弹现象。内墙亦照该项措施。

讲 80:小型空心砌块墙体特殊部位的节点结构

1. 砌块的排列及芯柱
混凝土小型空心砌块墙体的砌块排列及芯柱的结构,如图 4.10 所示。

2. 砌块外墙墙身
混凝土小型空心砌块外墙墙身的构造,如图 4.11 所示。

3. 砌块墙体芯柱
混凝土小型空心砌块墙体芯柱构造,如图 4.12 所示。

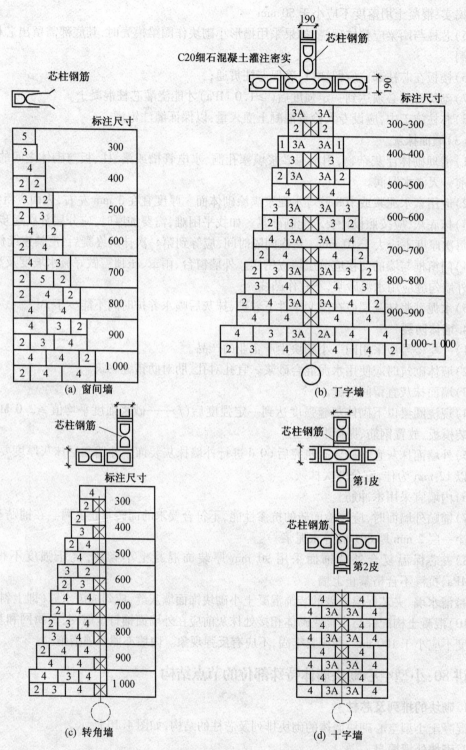

图 4.10　混凝土小型空心砌块墙体的砌块排列及芯柱的结构

注:1. 在墙体交接和门窗洞口处设芯柱的部位,应保证芯柱贯通。

2.芯柱设置数量由设计人员根据单体工程计算确定。

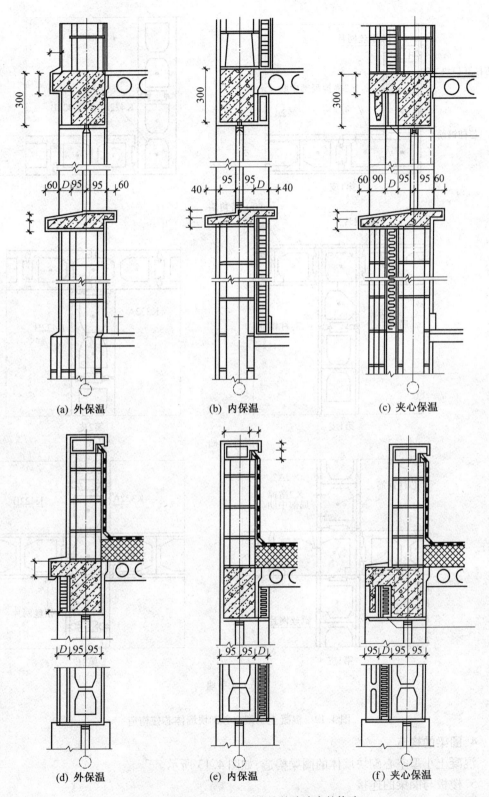

(a) 外保温　　　　　　(b) 内保温　　　　　　(c) 夹心保温

(d) 外保温　　　　　　(e) 内保温　　　　　　(f) 夹心保温

图 4.11　混凝土小型空心砌块外墙墙身的构造

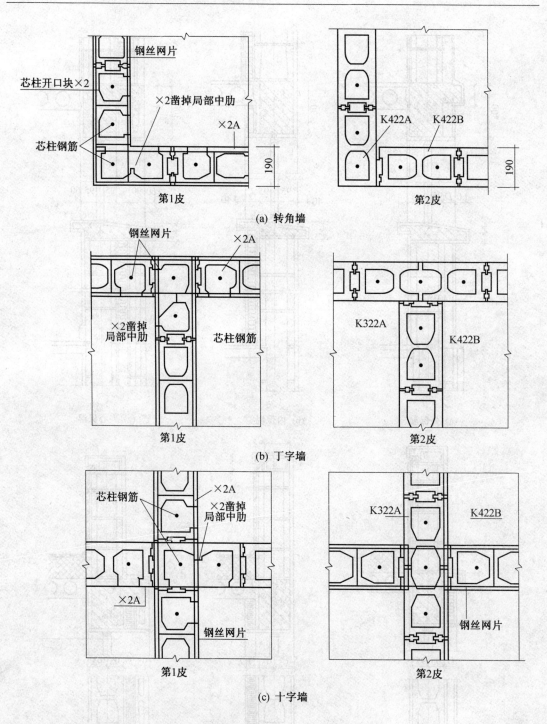

图 4.12   混凝土小型空心砌块墙体芯柱构造

4. 圈梁的构造

混凝土小型空心砌块墙体的圈梁构造,如图 4.13 所示。

5. 楼板与圈梁的连接

混凝土小型空心砌块墙体的楼板与圈梁的连接,如图 4.14 所示。

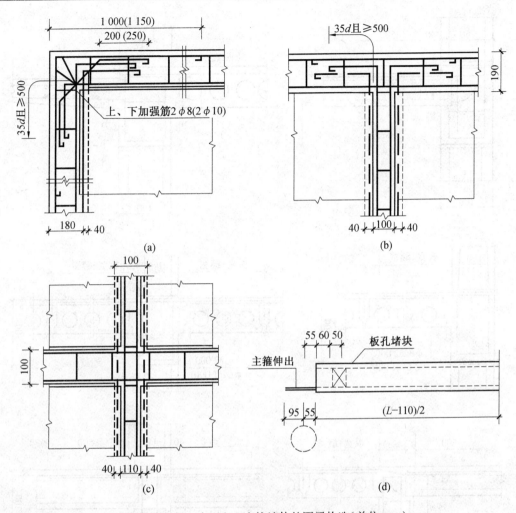

图 4.13 混凝土小型空心砌块墙体的圈梁构造(单位:mm)

注:1.预制空心板端支撑长度 40 mm,板内伸出主筋锚固在圈梁内不小于 150 mm,施工采用硬架支模方法。

2.圈梁被洞口切断时,应在洞口上部增设截面相同的附加圈梁,搭接长度为垂直间距 2 倍,且不小于 1 000 mm。

3.括号内数字用于 8 度设防地区。

6.门窗及窗台板的固定

混凝土小型空心砌块墙体的门窗及窗台板的固定,如图 4.15 所示。

7.附墙设备的固定

混凝土小型空心砌块墙体上的附墙设备的固定,如图 4.16 所示。

讲 81:中型空心砌块砌体的施工

1.砌块的砌筑构造

中型空心砌块在砌筑时,砌块的上端应封顶,砌块的两侧需设置封闭式灌浆槽,如图 4.17 所示。

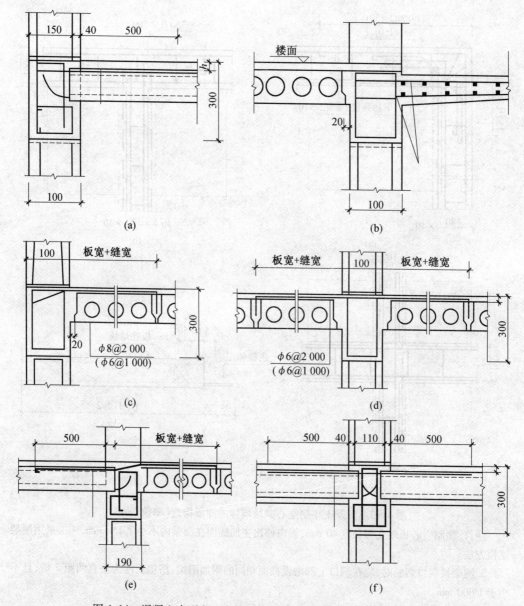

图 4.14 混凝土小型空心砌块墙体的楼板与圈梁的连接(单位:mm)

注:1. 采用现浇阳台板时,施工应保证钢筋位置,防止被踩错位。

2. h 为楼面建筑垫层厚度,按单体工程设计。

3. 括号内数据用于 8 度抗震设防地区。

4. 圈梁配筋:6、7 度设防纵筋 4ϕ6,箍筋 ϕ6@ 250;8 度设防纵筋 4ϕ10,箍筋 ϕ6@ 200。

2. 砌筑注意事项

(1)尽可能采用主规格砌块。

(2)砌块应错缝搭砌。搭砌长度应不小于砌块高度,也不应小于 150 mm。

(3)纵横墙交接处,应交错搭砌。

(4)必须镶砖时,砖应分散布置。

(5)砌体的水平灰缝与垂直灰缝一般为 15 ~ 20 mm(不包括灌浆槽)。当垂直灰缝超过

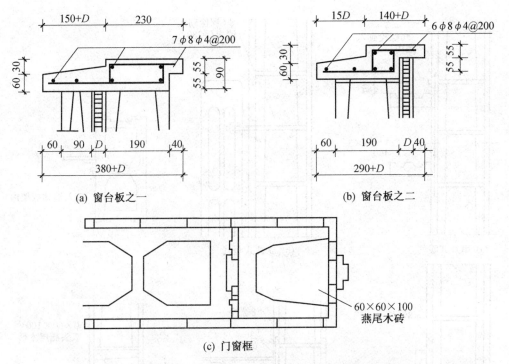

(a) 窗台板之一 (b) 窗台板之二

(c) 门窗框

图 4.15 混凝土小型空心砌块墙体的门窗及窗台板的固定

30 mm 时,要用 C20 细石混凝土灌实。

(6)砌筑时应注意使砌体表面平整清洁、砂浆饱满、灌缝密实,大于 30 mm 宽的垂直缝应用不低于 C20 细石混凝土灌实。

(7)洞口、沟槽、管道和预埋件等,通常应于砌筑时预留或预埋。空心砌块墙体不能打凿通长沟槽。

(8)在常温施工时,砌块和空心砌块的插筋孔应提前浇水湿润,湿润程度以砌块表面呈现水影为准。

(9)在砌块就位并经校正平直、灌垂直缝后随即进行水平与垂直缝的勒缝(原浆勾缝),勒缝深度一般为 3~5 mm。

(10)孔内的插筋应自基础伸出,插筋连接处必须确保搭接长度。应随砌随在孔内灌混凝土,每次灌孔高度需比砌块顶面低 10 mm 左右。

4.3 加气混凝土砌块砌筑

讲 82:加气混凝土砌块墙体的施工

1.加气混凝土砌块砌筑一般要求

承重加气混凝土砌块砌体所用砌块强度等级需不低于 A3.5,砂浆强度不低于 M5。

加气混凝土砌块砌筑前,应依靠建筑物的平面、立面图绘制砌块排列图。在墙体转角处设立皮数杆,皮数杆上画出砌块皮数和砌块高度,并在相对砌块上边线间拉准线,依准线砌筑。

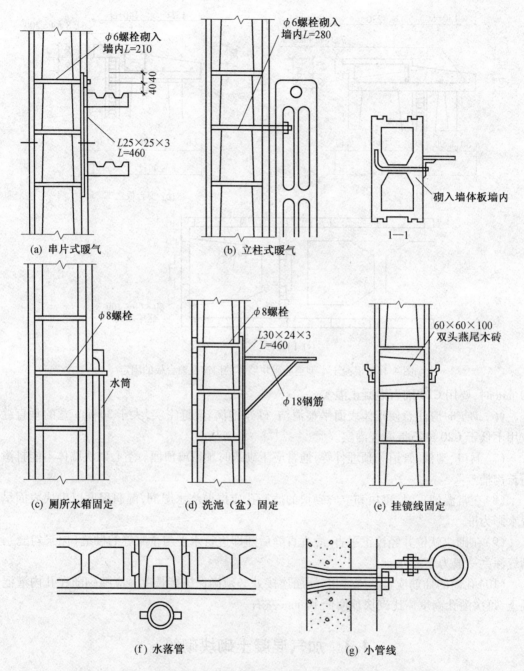

(a) 串片式暖气　　　　(b) 立柱式暖气

(c) 厕所水箱固定　　　(d) 洗池（盆）固定　　　(e) 挂镜线固定

(f) 水落管　　　　　(g) 小管线

图4.16　混凝土小型空心砌块墙体上的附墙设备的固定

注:1. 预埋设固定件的砌块应采用C20细石混凝土灌实;

2. 当膨胀螺栓固定建筑配件时,采用U形砌块预先灌注C20混凝土砌筑,钻孔用膨胀螺栓固定配件。

加气混凝土砌块的砌筑面上需适量洒水。

砌筑加气混凝土砌块宜使用专用工具(铺灰铲、锯、钻、镂、平直架等)。

加气混凝土砌块墙的上下皮砌块的竖向灰缝需相互错开,相互错开长度一般为300 mm,

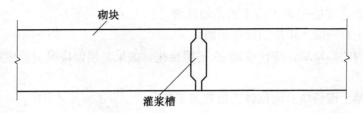

图 4.17 中型空心砌块的砌筑构造

并不小于 150 mm。如无法满足要求时,应在水平灰缝布置 2ϕ6 的拉结钢筋或 ϕ4 钢筋网片,拉结钢筋或钢筋网片的长度一般不小于 700 mm(图 4.18)。

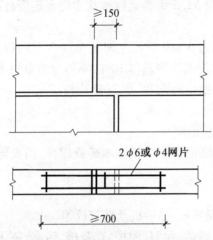

图 4.18 加气混凝土砌块墙中拉结筋

加气混凝土砌块墙的灰缝必须横平竖直,砂浆饱满,水平灰缝砂浆饱满度不宜小于 90%;竖向灰缝砂浆饱满度不宜小于 80%。水平灰缝厚度宜为 15 mm;竖向灰缝宽度宜为 20 mm。

加气混凝土砌块墙的转角处,应使纵横墙的砌块互相搭砌,隔皮砌块露端面。加气混凝土砌块墙的 T 字交接处,应使横墙砌块隔皮露端面,并坐中在纵墙砌块(图 4.19)。

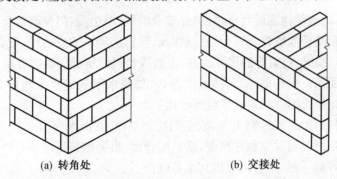

(a) 转角处　　　　　　　　　(b) 交接处

图 4.19 加气混凝土砌块墙的转角处、交接处砌法

加气混凝土砌块墙如果没有切实有效措施,不得使用于下列部位:

1)建筑物室内地面标高以下部位;

2)长期浸水或常常受干湿交替部位;

3)受化学环境侵蚀(如强酸、强碱)或高浓度二氧化碳等环境;

4）砌块表面常常处于80℃以上的高温环境。

加气混凝土砌块墙上不能留设脚手眼。

每一楼层内的砌块墙体应连续砌完，不留接槎。如果必须留槎时应留成斜槎，或在门窗洞口侧边间断。

2. 加气混凝土砌块填充墙砌体工程施工工艺

（1）材料性能要求。

1）蒸压加气混凝土砌块等：蒸压加气混凝土砌块的品种和强度等级必须符合设计要求，并且规格相同，砌块龄期应超过28 d；产品有出厂合格证和复试单。

2）水泥：宜采用强度等级32.5级普通硅酸盐水泥或矿渣硅酸盐水泥，产品应有出厂合格证和复试报告。

3）砂：宜采用中砂，并通过5 mm筛孔。配制M5（含M5）以上砂浆，砂的含泥量不得超过5%；M5以下砂浆，砂的含泥量不得超过10%，不得含有草根等杂物。

4）掺合料：有石灰膏、磨细生石灰粉、电石膏及粉煤灰等，石灰膏的熟化时间不应少于7 d，禁止使用冻结或脱水硬化的石灰膏。

5）水：自来水或洁净生活用水。

6）其他材料：墙体拉结筋、门窗洞口预埋木砖或埋件、门窗洞口预制过梁等砌筑前需准备完善。

（2）主要机具设备。

1）机具：应准备有砂浆搅拌机、筛砂机及淋灰机等。

2）工具：应准备有大铲、刨锛、瓦刀、泥桶、存灰槽、砖夹、筛子、勾缝条、运砖车、灰浆车、翻斗车和砖笼等。

3）检测工具：应准备有水准仪、经纬仪、钢卷尺、百格网、皮数杆、线坠、水平尺、磅秤、砂浆试模等。

（3）作业条件。

1）对工人技术交底完全，项目部管理制度健全，管理人员持证上岗，熟练技工占总操作人员70%以上。

2）砌筑前，基础或结构需验收合格，弹好墙身轴线、墙边线、门窗洞口及柱子的位置线。

3）根据统一标高控制线以及窗台、窗顶标高，预排出砌块的皮数线，皮数线可划在柱、墙上，并标注拉结筋、圈梁、过梁等的尺寸标高，皮数线经过质量部门验收合格。

4）根据最下面第一皮砖的标高，拉通线检查，如果水平灰缝厚度超过20 mm，先用C15以上混凝土找平。禁止用砂浆或砂浆包碎砖找平。

5）砌筑部位（基础或楼板等）的灰渣、杂物清理干净，并浇水湿润。

6）砂浆由有资质的试验室做好试配，确定配合比；根据砌筑量准备好砂浆试模。

7）随砌随搭好脚手架，垂直运输机具准备就位。

8）构造柱钢筋绑扎，隐蔽工程验收完毕。

9）填充外墙施工时，外防护脚手架需随楼层搭设完毕，墙体距外脚手架间的间隙应布置水平防护，避免高空坠落。内墙已准备好工具式脚手架。

10）"三宝"配齐，"四口"和"五临边"做好防护。

（4）砌筑要求。加气混凝土砌块砌筑时应确保砌块之间有良好的黏结力。使用普通砂浆砌筑时,砌筑面应浇水湿润(如采用水玻璃黏结砂浆砌筑则不能在砌筑面浇水),以保证砂浆与砌块有良好的黏结力。

砌筑时,灰缝需饱满,对高度尺寸较大的砌块,垂直缝最好内外采用临时夹板灌浆。通常外墙垂直缝的宽度不宜大于 15 mm,水平缝的厚度应控制在 12～15 mm。应当注意到,灰缝是否饱满,则是关系到缝隙漏雨的一个最重要的因素。

砌块用砂浆的配方为:水泥∶白灰∶砂＝1∶1∶8 或 2∶1∶12。

砌块承重建筑,其内外墙体需同时砌筑,临时间断应留成阶梯形斜岔。尤其是在地震区,不应采取留"马牙槎"的做法,上下皮砌块应互相错缝搭砌,搭接长度不应小于砌块长度的 1/3。

(5)工艺流程。弹墙线→立皮数杆→确定组砌方法→砌块浇水→拌制砂浆→排砌块→砌砌块墙→验收。

(6)施工要点。

1)结构经验收合格后,根据基础或楼层中的控制轴线,预先测放出墙体的轴线和门窗洞口的位置线,将门顶和窗台窗顶的位置标高线标在墙或柱上。经质量部门验收后才能进行墙体砌筑。

2)在砌筑砖体前应对基层进行清整,将墙体处的浮浆、灰尘清扫冲洗干净,并浇水使基层湿润。

3)砌块排列时,必须依据设计尺寸、砌块模数、水平灰缝的厚度及竖向灰缝的宽度,计算皮数和排数,在皮数杆上或柱墙上排出砖的皮数和灰缝厚度,并标出窗台、洞口、圈梁等的标高,以确保砌体的尺寸。

4)排列砌块时,应尽可能采用标准规格砌块,少用或不用异形规格砌块。蒸压加气混凝土砌块砌筑时,产品龄期应超过 28 d。

5)蒸压加气混凝土砌块的运输、装卸过程中,禁止抛掷和倾倒。进场后应按品种、规格分别堆放整齐,堆置高度不应超过 2 m。加气混凝土砌块应防止雨淋。

6)蒸压加气混凝土砌块砌筑时,应向砌筑面浇适量的水。

7)用蒸压加气混凝土砌块砌筑墙体时,墙底部应砌烧结普通砖、多孔砖或现浇混凝土坎台,其高度不宜小于 200 mm。

8)在砌筑过程中,要时常校核墙体的轴线和边线,当挂线过长,应检查是否达到平直顺畅一致的要求,防止轴线产生位移。

9)砂浆配合比应由试验室确定,采用质量比,砂浆应用机械搅拌,砌筑的砂浆必须机械搅拌均匀,随拌随用。水泥砂浆与混合砂浆分别应在 3 h 与 4 h 内使用完毕。细石混凝土应在 2 h 内用完。

10)水泥砂浆与水泥混合砂浆的搅拌时间不得少于 2 min,掺外加剂的砂浆不得少于 3 min,掺有机塑化剂的砂浆应为 3～5 min,同时还应具有较好的和易性及保水性,通常稠度以 5～7 cm 为宜。外加剂与有机塑化剂的配料精度应控制在±2% 以内,其他配料精度应控制在±5% 以内。

11)在每一楼层或 250 m³ 的砌体中,对每种强度等级的砂浆或混凝土,应最少制作一组试块(每组 6 块)。如砂浆与混凝土的强度等级或配合比变更时,也应制作试块进行检查。

12)蒸压加气混凝土砌块的竖向灰缝宽度与水平灰缝厚度宜分别为 20 mm 与 15 mm。

加气混凝土砌体填充墙水平灰缝饱满度需大于80%，垂直灰缝应用临时夹板夹紧后填满砂浆，不能有透明缝、瞎缝和假缝。

13）应在较大墙上留出施工洞口，其侧边离交接处墙面不得小于500 mm。洞口净宽度不得超过1 m。临时施工洞口处补砌时，必须将接槎处表面清理干净，浇水湿润，并填充砂浆，保持灰缝平直。

14）加气混凝土砌体工程当采用铺砂浆砌筑时，铺浆长度不能超过750 mm；施工时气温超过30 ℃时，铺浆长度不能超过500 mm。

15）砌筑时应事先试排试块，并优先选用整体砌块。如需断开试块时，应使用手锯、切割机等工具锯裁整齐，并保护好砌体的棱角。上下皮灰缝需错开搭砌，搭砌长度不得小于砌块总长的1/3。当搭砌长度小于150 mm时，即形成所谓的通缝，竖向通缝不得大于2皮砌块。

16）砌筑混水墙，应注意溢出墙面的灰渍（舌头灰）应随时刮尽，刮平顺；半头砖应分散使用；首层或楼层的第一皮砌块砌筑要查对皮数杆的层数和标高；一砖厚墙砌筑外面要拉线，防止出现墙面沾污、通缝、不平直以及砖墙错层形成螺旋墙等弊病。

17）墙体日砌高度不宜超过1.8 m。填充墙上不应留脚手眼，搭设脚手架。

18）预留孔洞和穿墙等都应按设计要求砌筑，严禁事后凿墙。墙体抗震拉结筋的位置，钢筋规格、数量、间距，都应按设计要求留置，不应错放、漏放。

19）砌筑门窗口时，如果先立门窗框，则砌块应离开门窗框边3 mm左右。如果后塞门窗框，则应按弹好的位置砌筑（通常线宽比门窗实际尺寸大10～20 mm）。

20）蒸压加气混凝土砌块填充墙体砌体和后塞口门窗的连接可通过预埋木砖实现。木砖经过防腐处理后可埋入预制混凝土块中，随加气混凝土砌块一同砌筑，预制混凝土砌块大小应符合砌体模数，或用烧结普通砖在需放木砖部位砌长度240 mm、宽和加气块等厚的砖墩，木砖放置中间。

21）加气混凝土填充墙砌到接近梁底和板底时，应留一定的孔隙，等到填充墙砌筑完毕并至少间隔7 d后，再用烧结标准砖或多孔砖成60°斜砌顶紧，以免上部砌体因砂浆收缩而开裂。禁止平砌与生摆现象。

22）砌体转角处及纵横墙相交处应同时砌筑，砌块需分皮咬槎，交错搭砌。砌体上下皮砌块需互相错缝搭砌，搭接长度不宜小于砌块长度的1/3。最小搭砌长度不宜小于150 mm，竖向通缝不宜大于2皮砌块高度。

23）砌体的竖向灰缝应避免与门窗等洞口边线形成通缝。

24）砌筑前，按墙段实量尺寸与砌块规格尺寸过行排列摆块，不足整块的可锯截成需要尺寸，但不应小于砌块长度的1/3。最下一层如果灰缝厚大于20 mm时，应用细石混凝土找平铺砌，应有不低于M2.5混合砂浆，采取满铺满挤法砌筑，上下皮错缝砌结，转角处相互咬砌搭接，每隔二皮砌块钉扒钉一个，梅花形布置。砌块墙的丁字交接处，应使横墙砌块隔皮露头。

25）不同密度（容重）和强度等级的加气混凝土砌块不应混砌。一般也不能与其他砖、砌块混砌，但在墙底、墙顶及门窗洞口处局部应用烧结普通砖或多孔砖砌筑，可不视为混砌。

26）构造柱钢筋位置应正确，钢筋搭接长度应符合规范要求，墙拉结筋伸入构造柱应符合规范，间距不大于500 mm。

27）框架柱、剪力墙侧面等结构部位需预埋φ6的拉墙筋以及构造柱、圈梁插筋，或结构施工后植入墙拉筋、圈梁及构造柱插筋。

28）蒸压加气混凝土砌块填充砌体施工过程中，严格按照设计要求留设构造柱。当设计没有要求时，应按墙长每 5m 设置一构造柱。此外在墙的端部、墙角和纵横墙相交处设构造柱。

29）构造柱砌筑应注意使构造柱砖墙砌成马牙槎，布置好拉结筋，应从柱脚开始先退后进；进退尺寸应大于 60 mm，进退高度应为砌块 1~2 层高度，且在 300 mm 左右。当齿深 120 mm 时，应将进的砌块下端凿成斜面，以确保混凝土浇灌时上角密实；构造柱内的落地灰、砖渣杂物应清除干净，防止夹渣，避免影响构造柱的整体性。

30）圈梁、构造柱和墙体拉结筋的位置、锚固长度及搭接长度应满足设计和规范要求。

3. 特殊部位的处理

对于在加气混凝土砌块的墙体中固定门窗、固定物件，以及搁置过梁、搁板等部位，都不能使用零星小砌块，避免影响锚固性和该部位墙体的整体性。

对于靠近墙体的上下水管接头，施工时应注意使其不漏水以及便于维修。否则，一旦漏水，不但会发生盐析，而且局部冻融还会破坏墙体，如果损坏部位是承重墙，还会危及建筑物的安全。

外墙水平方向的线脚及突出部位，应注意做好防水、泛水和滴水，以免墙面由于干湿变化或局部冻融而受到损坏。

圈梁与叠合梁部位，一般外部应加保温块（可采用加气混凝土砌块），防止在寒冷地区产生结露。此措施可使墙体外表面材性基本一致，避免造成由较大温度变化而使墙体或饰面开裂。

凡埋入墙体内的铁件都应做防锈处理，埋设铁件要使用黏结砂浆。

4. 墙体饰面

（1）外墙饰面。加气混凝土砌块外墙，通常做外饰面，这不仅是出于美观的需要，同时也是保护墙体的重要举措。饰面对于减少或防止裂缝的产生有显著的作用，这一点是需要强调的。

加气混凝土因为孔隙率大及其特有的材质，所以其吸水的初始速度高于黏土砖，但饱和吸水的持续时间很长，这一特点直接影响墙体的饰面作业，如果没有相应的施工方法，则常常会产生饰面层开裂或空鼓现象。

因此，对外饰面有下列几点要求：

①底灰和墙面应有良好的黏结力，不得出现空鼓现象；

②底灰的强度、弹性模量通常与加气混凝土的材性相近，最好不要抹强度过高的水硬性砂浆，以混合灰为宜；

③面层具有一定的机械强度，并要求耐久、透气、防水。

1）基层处理和底灰。基层处理与抹灰的工程质量好坏，是饰面层成败的关键。饰面的施工步骤是先做基层处理，然后抹底灰，最后做面层。

①基层处理。

加气混凝土砌块墙体外饰面的基层处理方法大致包括三种。

a. 在墙体表面充分浇水，并在做抹灰层前一天浇 1~2 遍水，临抹灰操作前再浇 1~2 遍水。

b. 在墙体抹灰前,先在墙面刷一道 801 胶水溶液(10% ~15% 胶,85% ~90% 水),或胶质素水泥浆(在水泥浆中加入 10% ~15% 的 801 胶)。

c. 首先在墙面上浇一遍水,然后立刻刷素水泥砂浆一道(注意刷完素水泥砂浆后,应立刻抹灰,不应等到素水泥砂浆干后再抹底灰)。

d. YH_2 型防裂剂和 LA_2 型砂浆界面黏结剂。据资料介绍,YH_2 型防裂剂与 LA_2 型砂浆界面黏结剂经实践证明,能够有效地克服既往加气混凝土饰面的底灰层常出现的空鼓、裂缝等缺陷。这两种基层处理剂能够提高底灰层与加气混凝土的黏结力,而且施工简便和经济。

②底灰。底灰所用材料通常可采用混合砂浆,常用配比是水泥:白灰膏:砂子 = 1:1:6。为了增加砂浆的和易性与保水性,也可适当加入 5% ~10% 的 801 胶。底灰不应太厚,应控制在 15 mm 以内。在条件许可的条件下,应对底灰进行养护。

抹底灰应注意,在基层处理完毕后立刻进行。每层每次抹灰厚度应小于 10 mm,并应在上层灰终凝后进行。

2)饰面饰面可根据设计要求,选择不同的材料和做法。一般不直接在底灰层上贴挂质量较大的饰面材料,如大理石、花岗石、面砖等,但可在底灰层上直接做水刷石、干黏石及马赛克等,或直接做喷涂(或滚涂)、油饰等。

(2)内墙饰面。内墙饰面的注意点和外饰面相同,因为内墙饰面对防水的要求一般不高,所以可根据不同的建筑标准,使用不同的饰面材料。对于一般建筑,可使用 1:3 白灰砂浆打底,纸筋灰(或玻璃丝灰)罩面,外刷涂料(或贴壁纸)。墙面强度要求较高时,可做高标号抹灰层,就是在底灰层上抹厚度为 7~8 mm 的水泥砂浆中层(水泥:石灰膏:砂子 = 1:0.5:3 或 1:0.5:4),然后抹厚度为 5 mm 的混合砂浆面层(水泥:石灰膏:砂子 = 1:1:2 或 1:2:5),这种做法主要用于油饰墙或踢脚线、阳角及包角等部位。

讲 83:墙体特殊部位的节点结构

1. 加气混凝土砌块砌体构造

加气混凝土砌块可以砌成单层墙或双层墙体。单层墙是将加气混凝土砌块立砌,墙厚是砌块的宽度。双层墙是将加气混凝土砌块立砌两层,中间夹空气层,两层砌块之间,每隔 500 mm 墙高在水平灰缝中放置 $\phi 4 ~ \phi 6$ 的钢筋扒钉,扒钉间距是 600 mm,空气层厚度约 70~80 mm(图 4.20)。

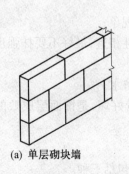

(a) 单层砌块墙

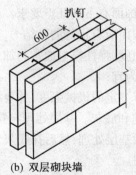

(b) 双层砌块墙

图 4.20　加气混凝土砌块墙

承重加气混凝土砌块墙的外墙转角处、墙体交接处,都应沿墙高 1 m 左右,在水平灰缝中放置拉结钢筋,拉结钢筋是3ϕ6,钢筋伸入墙内不少于1 000 mm(图4.21)。

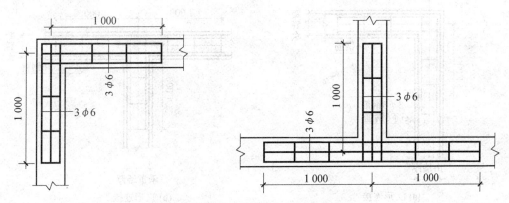

图4.21　承重砌块墙的拉结钢筋

非承重加气混凝土砌块墙的转角处、与承重墙交接处,都应沿墙高1 m左右,在水平灰缝中放置拉结钢筋,拉结钢筋是2ϕ6,钢筋伸入墙内不少于700 mm(图4.22)。

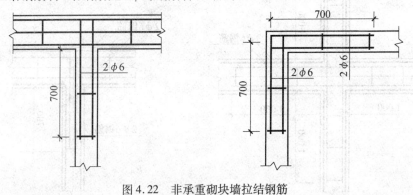

图4.22　非承重砌块墙拉结钢筋

加气混凝土砌块外墙的窗口下一皮砌块下的水平灰缝中需设置拉结钢筋,拉结钢筋是3ϕ6,钢筋伸过窗口侧边应不少于500 mm(图4.23)。

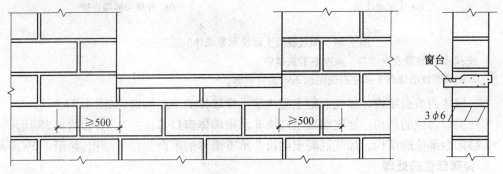

图4.23　砌块墙窗口下配筋

2.加气混凝土砌块承重墙体构造

(1)墙体的连接。加气混凝土砌块承重墙体的连接构造,如图4.24所示。

(2)组合柱的构造。加气混凝土砌块承重墙组合柱的构造,如图4.25所示。

3.加气混凝土砌块非承重墙构造

(1)墙体与柱的连接。加气混凝土砌块非承重墙体与柱的连接,如图4.26所示。

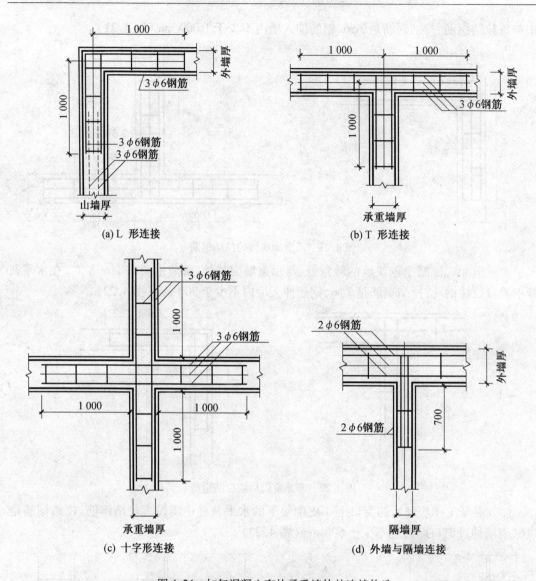

图 4.24　加气混凝土砌块承重墙体的连接构造

注:1. 钢筋放置在沿墙高 1 m 左右的灰缝中。

　　2. 山墙部位沿墙高 1 m 左右应附加 3φ6 通长钢筋。

(2)墙体的节点结构。加气混凝土砌块非承重墙体的节点构造,如图 4.27 所示。

(3)窗口部位的结构。加气混凝土砌块非承重墙体窗口部位的结构,如图 4.28 所示。

(4)阳台部位的结构。加气混凝土砌块非承重墙体的阳台部位的结构,如图 4.29 所示。

4. 特殊部位的处理

(1)垂直通缝。加气混凝土砌块墙体应杜绝垂直方向上的通缝,如果不可避免时,应采取补救措施,如图 4.30 所示。

(2)转角、内外墙的连接。

1)扒钉连接。加气混凝土砌块墙体在转角处除了搭砌以外,有时为了满足设计的需求,还采用 φ6 的扒钉来增强该部位的整体性,如图 4.31 所示。

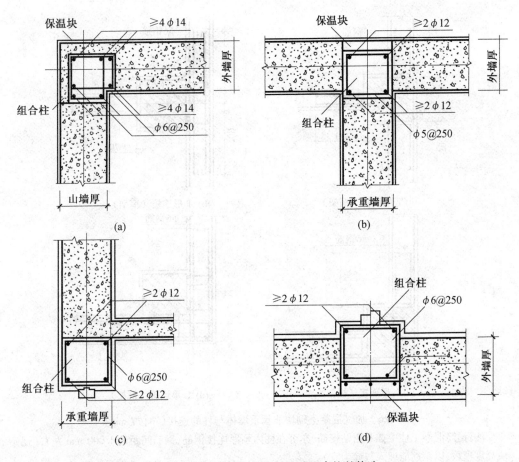

图 4.25 加气混凝土砌块承重墙组合柱的构造

注:1. 本图为 5 层以下,具有组合柱混凝土标号在 50 号以上,墙厚应根据当地气候及地震烈度经计算确定。

2. 钢筋放置在沿墙高 1 m 左右的灰缝中。

3. 山墙部位沿墙高 1 m 左右应附加 3ϕ6 通长钢筋。

2)钢筋网片拉接。加气混凝土砌块墙体在转角或内外墙连接处,为了加强砌体的整体性,有时采用钢筋网片拉接。尤其是当砌体上下皮搭缝长度小于 1/3 砌块高度,且小于 150 mm 时,应采用钢筋网片拉接。做法是在水平灰缝内设置 2ϕ4 的钢筋网片,网片两端离该垂直灰缝的距离应不小于 300 mm,如图 4.32 所示。

(3)门窗与墙体的连接。加气混凝土砌块墙体与门窗的连接,一般是由预埋件、连接件、膨胀螺栓等来实现。具体作法,如图 4.33 所示。

4.4 粉煤灰砌块砌筑

讲 84:砌块排列

按照砌块排列图在墙体线范围内分块定尺和划线,排列砌块的方法和要求如下:

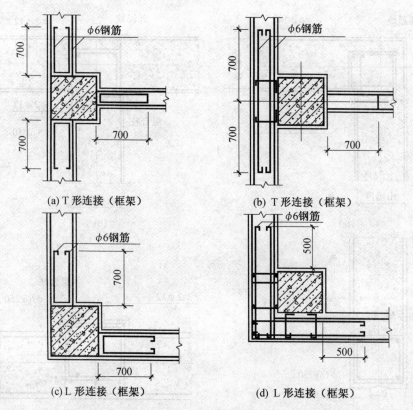

图 4.26　加气混凝土砌块非承重墙体与柱的连接(单位：mm)

　　注：钢筋混凝土柱中如不用贴模筋，亦可在柱内预埋连接钢筋，钢筋间距约1 000 mm左右（视砌块高度模数，以钢筋能埋入灰缝为宜）。

　　(1)砌筑前，应根据工程设计施工图，结合砌块的品种、规格绘制砌体砌块的排列图，经审核无误，依照图排列砌块。

　　(2)砌块排列时尽可能采用主规格的砌块，砌体中主规格的砌块应占总量的75% ~ 80%。其他副规格砌块（例如 580 mm×380 mm×240 mm、430 mm×380 mm×240 mm、280 mm×380 mm×240 mm）和镶砌用砖（例如标准砖或承重多孔砖）应尽量减少，分别控制在5% ~ 10%以内。

　　(3)砌块排列上下皮应错缝搭砌，搭砌长度通常为砌块的1/2;不得小于砌块高的1/3，也不应小于150 mm。若搭接缝长度满足不了要求，应采取压砌钢筋网片的措施，具体构造参照设计规定。

　　(4)墙转角以及纵横墙交接处，应将砌块分层咬槎，交错搭砌，若不能咬槎时，按照设计要求采取其他的构造措施;砌体垂直缝与门窗洞口边线应避开同缝，并且不得采用砖镶砌。

　　(5)砌块排列尽量不镶砖或少镶砖，需要镶砖时，应用整砖镶砌，而且应尽量分散、均匀布置，使砌体受力均匀。砖的强度等级应不小于砌块的强度等级。镶砖应平砌，不宜侧砌或竖砌，墙体的转角处和纵横墙交接处，不得镶砖;门窗洞口不宜镶砖，若需镶砖，应用整砖镶砌，不得使用半砖镶砌。

　　在每一楼层高度内需镶砖时，镶砌的最后一皮砖和安置有格栅和楼板等构件下的砖层须用顶砖镶砌，而且必须用无横断裂缝的整砖。

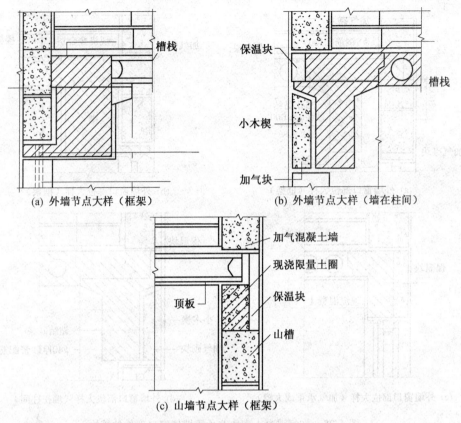

(a) 外墙节点大样（框架）　　　　　(b) 外墙节点大样（墙在柱间）

(c) 山墙节点大样（框架）

图 4.27　加气混凝土非承重墙体的节点构造

(6)砌体水平灰缝厚度通常为 15 mm,若加钢筋网片的砌体,水平灰缝厚度为 20 ~ 25 mm,垂直灰缝宽度为 20 mm;大于 30 mm 的垂直缝,应用 Cb20 的细石混凝土灌实。

讲 85:砌块砌筑

(1)粉煤灰砌块墙砌筑前,应按照设计图绘制砌块排列图,并且在墙体转角处设置皮数杆。粉煤灰砌块的砌筑面适量浇水。

(2)粉煤灰砌块的砌筑方法可采用"铺灰灌浆法"。先在墙顶上摊铺砂浆,然后将砌块按照砌筑位置摆放到砂浆层上,并且与前一块砌块靠拢,留出不大于 20 mm 的空隙。待砌完 1 皮砌块后,在空隙两旁装上夹板或塞上泡沫塑料条,在砌块的灌浆槽内灌砂浆,直至灌满。待砂浆开始硬化不流淌时,即可卸掉夹板或取出泡沫塑料条,如图 4.34 所示。

(3)砌块砌筑应先远后近,先下后上,先外后内。每层应从转角处或定位砌块处开始,应吊 1 皮,校正 1 皮,皮皮拉麻线控制砌块标高和墙面平整度。

(4)砌筑时,应采用无榫法操作,即将砌块直接安放在平铺的砂浆上,应做到横平竖直,砌体表面平整清洁,砂浆饱满,灌缝密实。

(5)内外墙应同时砌筑,相邻施工段之间或临时间断处的高度差不应超过 1 个楼层,并且应留阶梯形斜槎。附墙垛应与墙体同时交错搭砌。

(6)粉煤灰砌块是立砌的,立面组砌形式仅有全顺一种。上下皮砌块的竖缝相互错开 440 mm,个别情况下相互错开不小于 150 mm。

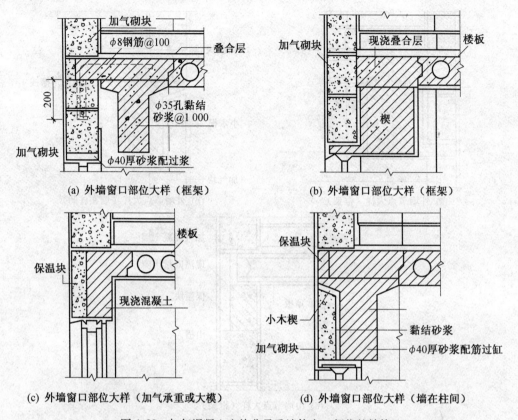

图 4.28　加气混凝土砌块非承重墙体窗口部位的结构

(7)粉煤灰砌块墙水平灰缝厚度应不大于 15 mm,竖向灰缝宽度应不大于 20 mm(灌浆槽处除外),水平灰缝砂浆饱满度应不小于 90%,竖向灰缝砂浆饱满度应不小于 80%。

(8)粉煤灰砌块墙的转角处和丁字交接处,可使隔皮砌块露头,但是应锯平灌浆槽,使砌块端面为平整面,如图 4.35 所示。

(9)校正时,不得在灰缝内塞进石子和碎片,也不得强烈振动砌块;砌块就位并且经校正平直、灌垂直缝后,应随即进行水平灰缝和竖缝的勒缝(原浆勾缝),勒缝的深度通常为 3 ~ 5 mm。

(10)粉煤灰砌块墙中门窗洞口的周边,宜用烧结普通砖砌筑,砌筑宽度应不小于半砖。

(11)粉煤灰砌块墙与承重墙(或柱)交接处,应沿墙高 1.2 m 左右在水平灰缝中设置 3 根直径 4 mm 的拉结钢筋,拉结钢筋伸入承重墙内以及砌块墙的长度均不小于 700 mm。

(12)粉煤灰砌块墙砌到接近上层楼板底时,因最上 1 皮不能灌浆,可改用烧结普通砖或炉渣砖斜砌挤紧。

(13)砌筑粉煤灰砌块外墙时,不得留脚手眼。每一楼层内的砌块墙应连续砌完,尽量不留接槎。若必须留槎时,应留成斜槎,或在门窗洞口侧边间断。

(14)当板跨大于 4 m 并且与外墙平行时,楼盖和屋盖预制板紧靠外墙的侧边宜与墙体或圈梁拉结锚固,如图 4.36 所示。

对于钢筋混凝土预制楼板相互之间、板与梁、墙与圈梁的连接更要注意加强。

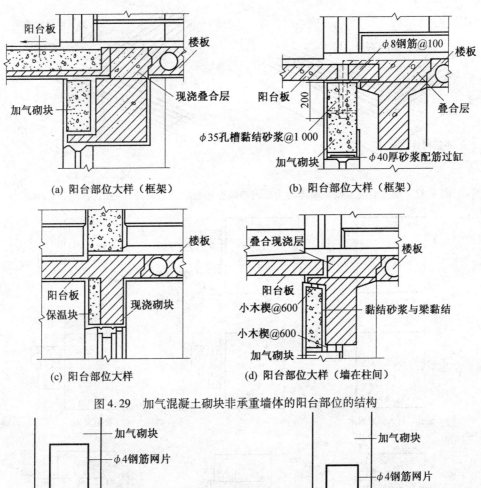

(a) 阳台部位大样（框架）　　　　　(b) 阳台部位大样（框架）

(c) 阳台部位大样　　　　　(d) 阳台部位大样（墙在柱间）

图 4.29　加气混凝土砌块非承重墙体的阳台部位的结构

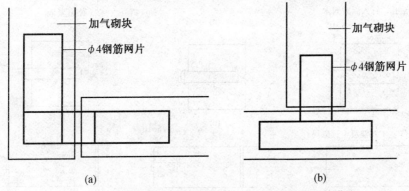

(a)　　　　　　　　　　　(b)

图 4.30　加气混凝土砌块墙体垂直方向上通缝的补救措施

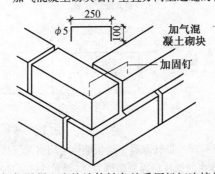

图 4.31　加气混凝土砌块墙体转角处采用扒钉连接的增强结构

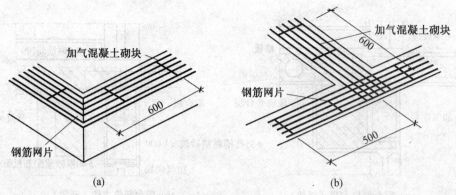

图 4.32　加气混凝土砌块墙体转角或内外墙相连处的钢筋网片增强结构(单位：mm)

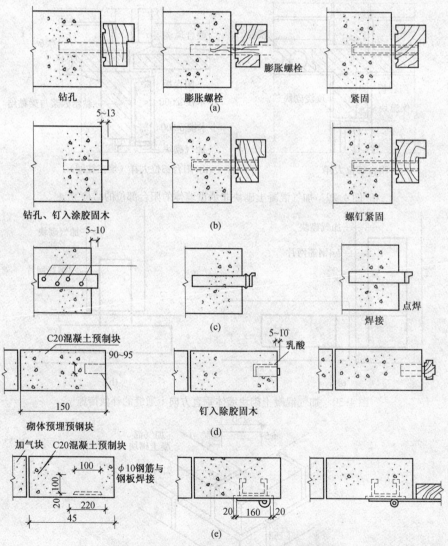

图 4.33　加气混凝土砌块墙体与门窗的连接

注：凡埋入墙体内的铁件均需做防锈处理，埋设铁件要使用黏结砂浆。

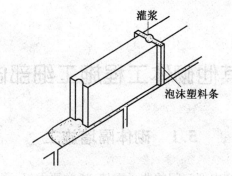

图4.34　粉煤灰砌块砌筑

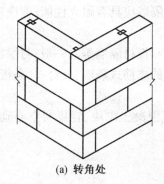

(a) 转角处

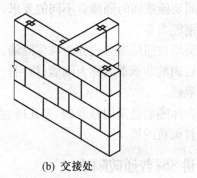

(b) 交接处

图4.35　粉煤灰砌块墙转角处和交接处的砌法

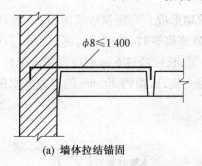

(a) 墙体拉结锚固

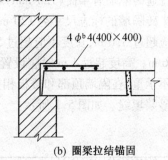

(b) 圈梁拉结锚固

图4.36　非支撑向板锚固筋

5 其他砌体工程施工细部做法

5.1 砌体隔墙施工

隔墙是垂直分割建筑物内部空间的非承重墙,通常要求轻、薄,有良好的隔声性能。对于不同功能房间的隔墙有不同的要求,例如厨房的隔墙应具有耐火性能;盥洗室的隔墙需具有防潮能力等。

隔墙按照构造方式分为砌体隔墙、立筋式隔墙和板材隔墙等。一般,习惯将砌体结构工程中后砌的非承重墙称为隔墙,将用轻质材料做成的立筋式隔墙、板材式(条板式)隔墙称为轻质隔墙。

砌体隔墙是指用普通砖、多孔砖、空心砖、加气混凝土砌块、轻集料空心砌块、石膏砌块等块材砌筑的墙。

讲 86:普通砖隔墙

普通砖隔墙有半砖(120 mm)与1/4 砖(60 mm)两种。

半砖隔墙的标志尺寸为120 mm,采用普通砖顺砌形成。当砌筑砂浆为 M2.5 时,墙的高度不应超过3.6 m,长度不应超过5 m;当采用 M5 砂浆砌筑时,高度不应超过4 m,长度不应超过6 m。高度超过4 m 时应设置通长钢筋混凝土带,长度超过6 m 时应设置砖壁柱。为使隔墙不承重,在隔墙顶部和楼板相接处,应将砖斜砌一皮,或留约30 mm 的空隙塞木楔打紧,再用砂浆填缝。如图5.1 所示。

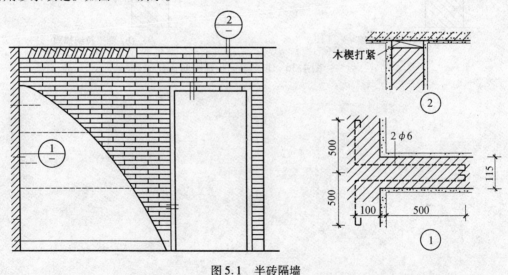

图 5.1 半砖隔墙

1/4 砖隔墙是由普通砖侧砌而成,因为厚度较薄,稳定性差,对砌筑砂浆要求较高,通常不低于 M5。隔墙的高度及长度不宜过大,且常用于不设置门窗洞的部位。

因为后砌隔墙是按自承重墙设计的,容易忽略它可能要承受源于侧向的推力、撞击或冲击荷载、吊挂荷载以及地震作用,这可能成为后砌隔墙失稳或倒塌的主要原因。所以,《建筑抗震设计规范》(GB 50011—2010)规定:后砌的非承重隔墙应沿墙高每隔 500 mm 配置 $2\phi6$ 拉结钢筋与承重墙或柱拉结,每边伸入墙内不应少于 500 mm;8 度和 9 度时,长度大于 5 m 的后砌隔墙,墙顶尚应与楼板或梁拉结,独立墙肢端部及大门洞边宜设钢筋混凝土构造柱。

讲 87:砌块隔墙

为了减轻隔墙自重以及节约用砖,可采用轻质砌块隔墙。目前常应用轻集料小型空心砌块、加气混凝土砌块、粉煤灰硅酸盐砌块、水泥炉渣空心砖以及石膏砌块等砌筑隔墙。

1.轻集料空心砌块

轻集料小型空心砌块通常是两端带有凹凸槽口,组砌时相互咬合形成整体,故又称连锁砌块。其主规格有长×宽×高为 400 mm×90 mm×200 mm 和 400 mm×150 mm×200 mm 两种砌块系列,如表 5.1 所示。标准图集《轻集料空心砌块内隔墙》(03 J114—1)对其排块、节点构造及施工有明确要求。

表 5.1 轻集料空心砌块规格型号表

系列	型号	长×宽×高/mm×mm×mm	外形示意	用途	系列	型号	长×宽×高/mm×mm×mm	外形示意	用途
90系列	K412	400×90×200		主规格块	150系列	K422	400×150×20		主规格块
	K312	245×90×200		辅助块		K322	275×150×20		辅助块
	K212	200×90×200		辅助块		K222	200×150×20		辅助块
	K211	200×90×100		辅助块		K221	200×150×10		辅助块
	K412A	400×90×200		洞口块		K422A	400×150×20		洞口块
	K312A	290×90×200		转角块		K322A	290×150×20		转角块
	G211	200×90×100		过梁块		G211	272×150×10		过梁块
	K212A	200×90×200		调整块		K222B	200×150×20		调整块

(1)墙体构造。轻集料空心砌块砌筑时龄期必须大于 28 d,相对含水率符合要求(90 mm 宽砌块不大于 40%;150 mm 宽砌块不大于 25%)。墙体厚度有 90、150、180(2 mm×

90 mm)三种,内隔墙长度按照1M 模数,不同平面形状可用8 种块型进行组合,但最小墙垛尺寸为200 mm。

1)隔墙本身构造。内隔墙沿高度每隔1.0 m 设置一道腰带,用K211(90 砌块)或K221(150 砌块)辅助块砌筑,加2φ6 筋,用CL15 轻集料混凝土灌注。

内隔墙的洞口两侧、转角及丁字接头的节点处,都应设置芯柱,配1φ12 筋,均灌注 CL15 轻集料混凝土。

150 mm 厚悬臂墙,7 度区墙高不大于3.3 m,8 度区墙高不大于2.8 m,长度每隔3.0 m 设一个芯柱,7 度区配2φ10 筋,8 度区配2φ12 筋,灌注 CL15 轻集料混凝土。

2)隔墙上、下与梁、板连接。内隔墙上、下端与梁、板的连接方式如图5.2 所示,其中最上一皮砌块应当使用 K212B(90 砌块)或 K222B(150 砌块)砌筑。墙长度超过6 m 时,应在墙体中间每隔3 m 设置一个芯柱(均灌注 CL15 轻集料混凝土),90 mm 厚内隔墙芯柱配1φ12 筋,150 mm 厚内隔墙芯柱配2φ10 筋。

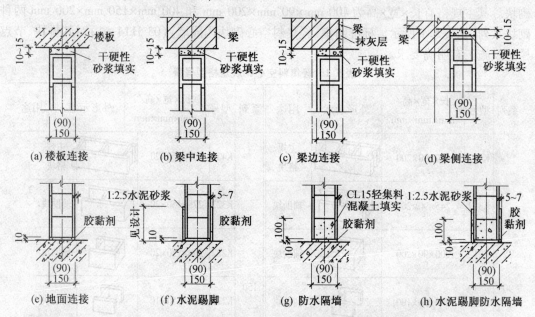

图5.2　轻集料空心砌块内隔墙与楼、梁地面连接节点

3)隔墙两端与墙体的连接。隔墙两端与墙体的连接是铰接,连接方式如图5.3 所示。90 mm 厚隔墙,墙高不应大于3.0 m;150 mm 厚隔墙,墙高不应大于4.5 m。

4)管线、配电盒要求。竖向管线可设置在砌块孔洞内,横向管线可在腰带内。各种电盒的位置,在内隔墙图上写明标高、距洞边或墙边尺寸、洞口大小。隔墙砌筑后,用切割机切割竖向管槽及电盒洞口。

5)装修要求。隔墙表面刮腻子喷浆或刷涂料,也可在表面抹水泥砂浆贴面砖。

6)防水要求。有防水要求时,墙面需做防水层,离地面100 mm 高处墙内孔洞采用 CL15 轻集料混凝土填实。

(2)施工要求。施工应遵循《轻集料空心砌块内隔墙》(03J114—1)的规定。主要施工要点包括:

1)根据建筑设计图纸要求绘制内隔墙空心砌块排块图。在楼板面及两端墙面或柱面,

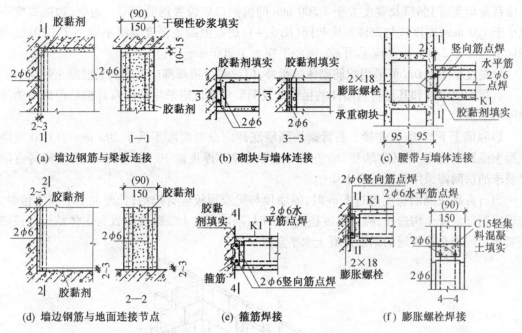

(a) 墙边钢筋与梁板连接　　(b) 砌块与墙体连接　　(c) 腰带与墙体连接

(d) 墙边钢筋与地面连接节点　　(e) 箍筋焊接　　(f) 膨胀螺栓焊接

图 5.3　轻集料空心砌块内隔墙与两端墙体的连接节点

放出墙体中心线与边线。楼板上干排内隔墙第一皮、第二皮轻集料空心砌块,确定排块正确后再铺灰砌筑。

2)在内隔墙两端的主体结构墙面或是柱面剔出箍筋或打 M8 膨胀螺栓,安装内隔墙两端竖向钢筋($2\phi6$)与箍筋或 M8 膨胀螺栓点焊。

3)砌到腰带部位,在腰带砌块内设置 $2\phi6$ 筋,与两端 $2\phi6$ 竖向钢筋点焊,在芯柱位置插入 $1\phi12$ 筋,腰带和芯柱孔中灌注 CL15 轻集料混凝土。

4)洞口上砌过梁砌块,过梁两侧砌腰带砌块,过梁内设置 $2\phi10$ 筋,腰带内设置 $2\phi6$ 筋,腰带和芯柱内灌注 CL15 轻集料混凝土。

5)在梁、板底砌筑调整砌块。调整砌块距梁、板底 10～15 mm,缝内用干硬性砂浆填实。

6)轻集料空心砌块内隔墙,除满足《砌体结构工程施工质量验收规范》(GB 50203—2011)规定的砌体一般尺寸允许偏差要求以外,墙表面平整度用 2 m 靠尺检验,允许偏差为 2 mm。内隔墙顶部干硬性砂浆填实的检查方法:砂浆和楼板底或梁底不允许有缝隙。

2. 石膏砌块隔墙

石膏砌块以建筑石膏为主要原料,经过加水搅拌,加入纤维增强材料、轻集料、发泡剂等辅助材料浇注成型干燥后制作的轻质块状建筑石膏制品,仅适用于抗震设防烈度为 8 度及 8 度以下地区的工业与民用建筑中室内非承重墙体。不能用于防潮层以下部位和长期处于浸水或化学侵蚀的环境中。

石膏砌块的砌筑可选用以建筑石膏作为胶凝材料,经过加水搅拌制成的石膏基粘接浆,也可采用添加建筑胶黏剂的水泥砂浆。

关于石膏砌块隔墙现行行业标准为《石膏砌块砌体技术规程》(JGJ/T 201—2010)。

(1)墙体构造。

1)隔墙本身构造。隔墙窗洞口周围 200 mm 范围内的石膏砌块砌体的孔洞部分应使用粘接石膏填实,门洞口及宽度大于1 500 mm的窗洞口应设置钢筋混凝土边框,边框宽度不应小于120 mm,厚度应与砌体厚度相同(图5.4),边框混凝土强度等级不应小于C20,纵向钢筋不应小于2φ10,箍筋应采用φ6,间距不应大于200 mm。

除宽度小于1.0 m可采用配筋砌体过梁外,门窗洞口顶部都应采用钢筋混凝土过梁。

石膏砌块隔墙和其他材料墙体的接缝处及阴阳角部位应采用粘接石膏粘贴耐碱玻璃纤维网布加强带。

2)隔墙上下与梁、板连接。石膏砌块隔墙底部应设置高度不低于200 mm的C20现浇混凝土或预制混凝土、砖砌墙垫,墙垫厚度通常为砌体厚度减10 mm。厨房、卫生间等有防水要求的房间需采用现浇混凝土墙垫。

当石膏砌块隔墙长度超过5 m时,隔墙顶与梁或顶板应有拉结,长度大于层高2倍时,应设置钢筋混凝土构造柱,隔墙高度超过4 m时,隔墙高度1/2处应布置与主体结构柱或墙连接且沿隔墙全长贯通的钢筋混凝土水平系梁。

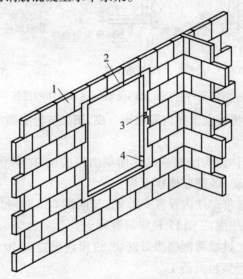

图5.4　洞口边框示意图

1—石膏砌块砌体;2—洞口边框;3—边框宽度;

4—边框厚度

石膏砌块隔墙和主体结构梁或顶板之间宜采用柔性连接(图5.5);当主体结构刚度相对较大可以忽略石膏砌块砌体的刚度作用时,与主体结构梁或顶板之间可采取刚性连接(图5.6)。

3)隔墙两端与墙体的连接。主体结构柱或墙应在石膏砌块隔墙高度方向每皮水平灰缝中设置2φ6末端有90°弯钩的拉结筋,拉结筋应进入隔墙内,当抗震设防烈度为6、7度时,进入长度不应小于砌体长度的1/5,且不应小于70 mm;当抗震设防烈度为8度时,应沿隔墙两侧主体结构高度每皮布置拉结筋,拉结筋与两端主体结构柱或墙应连接牢固,并沿砌体全长贯通。末端应有90°弯钩。

石膏砌块隔墙与主体结构柱或墙之间应采取刚性连接。其连接构造如图5.7所示。

(2)施工要求。石膏砌块砌体内禁止混砌黏土砖、蒸压加气混凝土砌块、混凝土小型空心砌块等其他砌体材料。

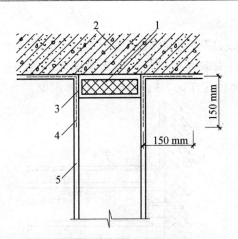

图 5.5　隔墙与梁(顶板)柔性连接示意图

1—用粘接石膏在梁(顶板)下粘贴 10 ~ 15 mm 厚泡沫交联聚乙烯,宽度＝墙厚-10 mm;2—梁(顶板);3—粘接石膏嵌缝抹平;4—粘贴耐碱玻璃纤维网布;5—装饰面层

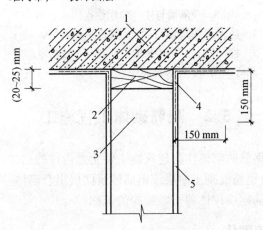

图 5.6　隔墙与梁(顶板)刚性连接示意图

1—梁(顶板);2—顶层平缝间用木楔挤实,每砌块不少于 1 副木楔;3—石膏砌块砌体;4—粘贴耐碱玻璃纤维网布;5—装饰面层

　　石膏砌块砌筑时需上下错缝搭接,搭接长度不得小于石膏砌块长度的 1/3,石膏砌块的长度方向应和砌体长度方向平行一致,榫槽应向下。砌体转角、丁字墙、十字墙连接部位需上下搭接咬砌。

　　水平灰缝的厚度与竖向灰缝的宽度应控制在 7 ~ 10 mm。

　　在砌筑时,粘接浆应随铺随砌,水平灰缝应采用铺浆法砌筑,当采用石膏基粘接浆时,一次铺浆长度不应超过一块石膏砌块的长度;当采用水泥基粘接浆时,一次铺浆长度不应超过两块石膏砌块的长度,铺浆应满铺。竖向灰缝宜采用满铺端面法。

　　石膏砌块砌体不应留设脚手架眼。

　　石膏砌块砌体每天的砌筑高度,当采用石膏基粘接浆砌筑时不应超过 3 m,当采用水泥基粘接浆砌筑时不应超过1.5 m。

在石膏砌体上埋设管线,应等到砌体粘接浆达到设计要求的强度等级后进行;埋设管线应采用专用开槽工具,不得采取人工敲凿。埋入砌体内的管线外表面距砌体面不应小于4 mm,并应和石膏砌块砌体固定牢固,禁止有松动、反弹现象。

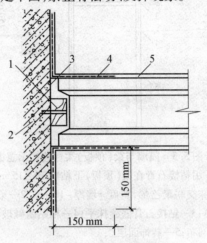

图5.7 隔墙与柱(墙)刚性连接示意图
1—防腐木条用钢钉固定,钢钉中距≤500 mm;
2—柱(墙);3—粘接浆填实补齐;4—粘贴耐碱玻璃纤维网布;5—装饰面层

5.2 配筋砌体工程施工

配筋砌体是由配置钢筋的砌体作为建筑物主要受力构件的结构,是网状配筋砌体柱、水平配筋砌体墙、砖砌体及钢筋混凝土面层或钢筋砂浆面层组合砌体柱(墙)、砖砌体和钢筋混凝土构造柱组合墙和配筋砌块砌体剪力墙结构的统称。

讲88:网状配筋砖砌体

网状配筋砖砌体有配筋砖柱、砖墙,即在烧结普通砖砌体的水平灰缝中设置钢筋网(图5.8)。

网状配筋砖砌体构件的构造要求如下:

(1)网状配筋砖砌体,使用的砂浆强度等级不应低于M7.5。

(2)钢筋网可选用方格网或连弯网,方格网的钢筋直径应为3~4 mm;连弯网的钢筋直径不应大于8 mm。钢筋网中钢筋的间距,不应大于120 mm,并不应小于30 mm。

(3)钢筋网在砖砌体中的竖向间距,不应大于五皮砖高,并不应大于400 mm。当采用连弯网时,网的钢筋方向应互相垂直,沿砖砌体高度交错设置,钢筋网的竖向间距取同一方向网的间距。

(4)钢筋网应布置在砌体的水平灰缝中,灰缝厚度应确保钢筋上下至少各有2 mm厚的砂浆层。

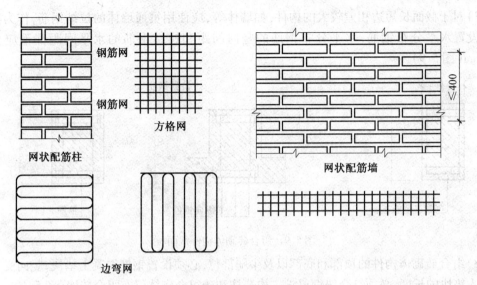

图 5.8　网状配筋砖砌体

讲 89：组合砖砌体

砖砌体结构是世界上应用最广、历史最悠久的建筑结构,因为其具有取材方便、价格便宜、保温隔热性能好、经久耐用等优点而广泛地用在各类建筑中。但是,目前随着楼层的不断增高,砖砌体结构由于其强度低、截面尺寸较大而遭到限制。为此,我们可以在充分利用砖砌体材料抗压性能的情况下,在砌体中加入钢筋或钢筋混凝土等弹塑性较好的材料,以提高砌体结构的受力性能,从而扩大其应用范围。目前主要使用的有水平加筋的网状配筋砖砌体和竖向加筋的组合砖砌体。

组合砖砌体是在砖砌体内部配置钢筋混凝土(或钢筋砂浆)部件组合而成的砌体。

组合砖砌体构件分为两类:一类是砖砌体与钢筋混凝土面层或钢筋砂浆面层的组合砖砌体构件,称为组合砌体构件;另一类是砖砌体与钢筋混凝土构造柱的组合墙,简称组合墙。

(1)组合砖砌体构件的构造应符合以下规定:

1)面层混凝土强度等级宜采用 C20,面层水泥砂浆强度等级不应低于 M10,砌筑砂浆的强度等级不应低于 M7.5。

2)竖向受力钢筋的混凝土保护层厚度不宜小于混凝土结构设计规范的规定,竖向受力钢筋距砖砌体表面的距离不宜小于 5 mm。

3)砂浆面层的厚度,可采用 30 ~ 45 mm。当面层厚度超过 45 mm 时,其面层宜采用混凝土。

4)竖向受力钢筋宜采用 HPB235 级钢筋,对于混凝土面层也可采用 HRB335 级钢筋,受压钢筋一侧的配筋率对砂浆面层不应小于 0.1%。对混凝土面层不应小于 0.2%,受拉钢筋的配筋率不应小于 0.1%,竖向受力钢筋的直径不应小于 8 mm,钢筋的净间距不应小于 30 mm。

5)箍筋的直径,不应小于 4 mm 及 0.2 倍的受压钢筋直径,并不应大于 6 mm。箍筋的间距,不应大于 20 倍受压钢筋的直径及 500 mm,且不应小于 120 mm。

6)当组合砖砌体构件一侧的竖向受力钢筋超过 4 根时应设置附加箍筋或拉结钢筋。

7）对于截面长短边相差较大的构件，如墙体等，应使用贯通墙体的拉结钢筋，作为箍筋同时设置水平分布钢筋，水平分布钢筋的竖向间距和拉结钢筋的水平间距都不应大于500 mm（图 5.9）。

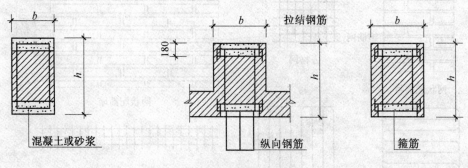

图5.9　组合砖砌体构件截面

8）组合砖砌体构件的顶部和底部以及牛腿部位，必须设置钢筋混凝土垫块，竖向受力钢筋伸入垫块的长度，必须符合锚饲要求。构造柱和砖组合砌体仅有组合砖墙（图5.10）。

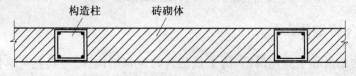

图5.10　构造柱和砖组合墙

（2）构造柱和砖组合墙由钢筋混凝土构造柱、烧结普通砖墙以及拉结钢筋等组成（图5.10）。构造柱与砖组合墙的构造应符合下列规定：

1）砌筑砂浆的强度等级不宜低于 M5，构造柱的混凝土强度等级不宜低于 C20。

2）钢筋混凝土构造柱的截面尺寸不应小于 240 mm×240 mm，其厚度不应小于墙厚，边柱、角柱的截面宽度应适当加大。构造柱内竖向受力钢筋，对于中柱不应少于 4ϕ12；对于边柱、角柱，不应少于4ϕ14。构造柱的竖向受力钢筋的直径也不应大于 16 mm。其箍筋，一般部位应采用 ϕ6，间距200 mm，楼层上下500 mm 范围内应采用 ϕ6、间距 100 mm。构造柱的竖向受力钢筋应在基础梁与楼层圈梁中锚固，并应满足受拉钢筋的锚固要求。

3）组合砖墙砌体结构房屋，应在纵横墙交接处、墙端部以及较大洞口的洞边设置构造柱，其间距不应大于 4 m。各层洞口应设置在对应位置，并上下对齐。

4）组合砖墙砌体结构房屋，应在基础顶面、有组合墙的楼层处布置现浇钢筋混凝土圈梁。圈梁的截面高度不应小于 240 mm；纵向钢筋数量不应少于 4 跟、直径不应小于 12 mm，纵向钢筋应伸入构造柱内，并应满足受拉钢筋的锚固要求；圈梁的箍筋直径宜为 6 mm、间距200 mm；

5）砖砌体与构造柱的连接处应砌成马牙槎，每一个马牙槎的高度不应超过 300 mm，并应沿墙高每隔 500 mm 布置 2ϕ6 拉结钢筋，拉结钢筋每边伸入墙内不宜小于 600 mm（图5.11）。

6）构造柱可不单独设置基础，但应伸入室外地坪下 500 mm，或和埋深小于 500 mm 的基础梁相连；

7）组合砖墙的施工顺序宜为先砌墙后浇混凝土构造柱。

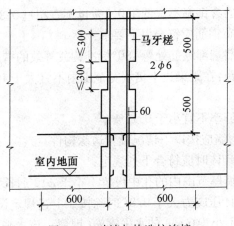

图 5.11　砖墙与构造柱连接

讲90:配筋砌块砌体剪力墙及连梁

(1)配筋砌块砌体剪力墙、连梁的砌体材料强度等级应符合以下规定:

1)砌块强度不宜低于 MU10;

2)砌筑砂浆强度不宜低于 Mb7.5;

3)灌孔混凝土强度不宜低于 Cb20。

对安全等级为一级或设计使用年限超过 50 年的配筋砌块砌体房屋,所用材料的最低强度等级最少应提高一级。

(2)配筋砌块砌体剪力墙厚度连梁截面宽度不宜小于 190 mm。

(3)配筋砌块砌体剪力墙的构造配筋应符合以下规定:

1)应在墙的转角、端部及孔洞的两侧配置竖向连续的钢筋,钢筋直径不应小于 12 mm;

2)应在洞口的底部和顶部布置不小于 $2\phi10$ 的水平钢筋,其伸入墙内的长度不宜小于 35 d 和 400 mm。

3)宜在楼(屋)盖的所有纵横墙处设置现浇钢筋混凝土圈梁,圈梁的宽度与高度宜等于墙厚和砌块高,圈梁主筋不宜少于 $4\phi10$,圈梁的混凝土强度等级不宜低于同层混凝土块体强度等级的 2 倍,或该层灌孔混凝土的强度等级,也不宜低于 C20;

4)剪力墙其他部位的竖向和水平钢筋的间距不应大于墙长、墙高的一半,也不宜大于 1 200 mm。对局部灌孔的砌体,竖向钢筋的间距不宜大于 600 mm;

5)剪力墙沿竖向和水平方向的构造钢筋配筋率都不宜小于 0.07%。

(4)按壁式框架设计的配筋砌块窗间墙除应符合上述(2)、(3)规定外,尚应符合下列规定:

1)窗间墙的截面应符合以下要求:

①墙宽不宜小于 800 mm 也不宜大于 2 400 mm;

②墙净高与墙宽之比不宜大于 5。

2)窗间墙中的竖向钢筋应符合以下要求:

①每片窗间墙中沿全高不宜少于 4 根钢筋;

②沿墙的全截面应配置足够的抗弯钢筋;

③窗间墙的竖向钢筋的含钢率不宜低于0.2%也不宜超过0.8%。

3)窗间墙中的水平分布钢筋应符合以下要求：

①水平分布钢筋应在墙端部纵筋处弯180°标准钩或等效的措施；

②水平分布钢筋的间距：在距染边1倍墙宽范围内不宜大于1/4墙宽，其余部位不宜大于1/2墙宽；

③水平分布钢筋的配筋率不宜小于0.15%。

(5)配筋砌块砌体剪力墙应按以下情况设置边缘构件：

1)当利用剪力墙端的砌体时应符合下列规定：

①在距墙端至少3倍墙厚范围内的孔中设置不小于φ12通长竖向钢筋；

②当剪力墙端部的设计压应力大于$0.8f_g$时除按照上述规定设置竖向钢筋外，尚应布置间距不大于200 mm、直径不小于6 mm的水平钢筋（钢箍），该水平钢筋应设置在灌孔混凝土中。

2)当在剪力墙墙端设置混凝土柱时应符合下列规定：

①柱的截面宽度应等于墙厚柱的截面长度应为12倍的墙厚并不应小于200 mm；

②柱的混凝土强度等级，不应低于该墙体块体强度等级的2倍，或该墙体灌孔混凝土的强度等级也不应低于C20；

③柱的竖向钢筋不应小于4φ12，箍筋宜为φ6、间距200 mm；

④墙体中的水平钢筋应在柱中锚固，并应符合钢筋的锚固要求；

⑤柱的施工顺序应为先砌砌块墙体，后浇捣混凝土。

(6)配筋砌块砌体剪力墙中当连梁应用钢筋混凝土时，连梁混凝土的强度等级不应低于同层墙体块体强度等级的2倍，或同层墙体灌孔混凝土的强度等级，也不宜低于C20，其他构造尚应符合现行国家标准《混凝土结构设计规范》（GB 50010—2010)的相关规定要求。

(7)配筋砌块砌体剪力墙中当连梁采用配筋砌块砌体时，连梁应符合下列规定：

1)连梁的截面应符合以下要求：

①连梁的高度不宜小于两皮砌块的高度和400 mm；

②连梁应采用H型砌块或凹槽砌块组砌孔洞需全部浇灌混凝土。

2)连梁的水平钢筋宜符合以下要求：

①连梁上下水平受力钢筋宜对称通长布置，在灌孔砌体内的锚固长度不应小于35 d和400 mm；

②连梁水平受力钢筋的含钢率不宜小于0.2%，也不宜大于0.8%。

3)连梁的箍筋应符合以下要求：

①箍筋的直径不应小于6 mm；

②箍筋的间距不应大于1/2梁高和600 mm；

③在距支座等于梁高范围内的箍筋间距不宜大于1/4梁高，距支座表面第一根箍筋的间距不宜大于100 mm；

④箍筋的面积配筋率不应小于0.15%；

⑤箍筋宜为封闭式双肢箍末端弯钩为135°；单肢箍末端的弯钩为180°或弯90°加12倍箍筋直径的延长段。

(8)钢筋的规格应符合下列规定：

1)钢筋的直径不应大于 25 mm,当设置在灰缝中时不应小于 4 mm;

2)配置在孔洞或空腔中的钢筋面积不应超过孔洞或空腔面积的 6% 。

(9)钢筋的设置应符合下列规定:

1)设置在灰缝中钢筋的直径不应大于灰缝厚度的 1/2;

2)两平行钢筋间的净距不应小于 25 mm;

3)柱和壁柱中的竖向钢筋的净距不应小于 40 mm(包括接头处钢筋间的净距)。

(10)钢筋在灌孔混凝土中的锚固应符合下列规定:

1)当计算中充分利用竖向受拉钢筋强度时,其锚固长度 L_a,对 HRB335 级钢筋不应小于 30d,对 HRB400 和 RRB400 级钢筋不应小于 35d,在任何情况下钢筋(包括钢丝)锚固长度不应小于 300 mm(注:d 为钢筋直径,下同);

2)竖向受拉钢筋不应在受拉区截断,如必须截断时,应延伸到按正截面受弯承载力计算不需要该钢筋的截面以外,延伸的长度不应小于 20d;

3)竖向受压钢筋在跨中截断时必须伸到按计算不需要该钢筋的截面以外,延伸的长度不宜小于 20d,对绑扎骨架中末端无弯钩的钢筋不宜小于 25d。

4)钢筋骨架中的受力光面钢筋,应在钢筋末端作弯钩,在焊接骨架焊接网和轴心受压构件中,可不作弯钩,绑扎骨架中的受力变形钢筋,在钢筋的末端可不作弯钩。

(11)钢筋的接头应符合下列规定:

钢筋的直径大于 22 mm 时应采用机械连接接头,接头的质量应符合相关标准规范的规定,其他直径的钢筋可采用搭接接头,并应符合以下要求:

1)钢筋的接头位置应设置在受力较小处;

2)受拉钢筋的搭接接头长度不宜小于 1.1L_a,受压钢筋的搭接接头长度不宜小于 0.7L_a,且不应小于 300 mm;

3)当相邻接头钢筋的间距不大于 75 mm 时其搭接长度应为 1.2L_a 当钢筋间的接头错开 20d 时搭接长度可不增加。

(12)水平受力钢筋(网片)的锚固与搭接长度应符合下列规定:

1)在凹槽砌块混凝土带中钢筋的锚固长度不应小于 30d,其水平或垂直弯折段的长度不应小于 15d 和 200 mm,钢筋的搭接长度不应小于 35d;

2)在砌体水平灰缝中,钢筋的锚固长度不应小于 50d,且其水平或垂直弯折段的长度不应小于 20d 和 150 mm,钢筋的搭接长度不应小于 55d;

3)在隔皮或错缝搭接的灰缝中钢筋的搭接长度为 50d+2 h,d 是灰缝受力钢筋的直径;h 是水平灰缝的间距。

(13)钢筋的最小保护层厚度应符合以下要求:

1)灰缝中钢筋外露砂浆保护层不应小于 15 mm;

2)位于砌块孔槽中的钢筋保护层,在室内正常环境不应小于 20 mm;在室外或潮湿环境不应小于 30 mm。

注:对安全等级为一级或设计使用年限超过 50 年的配筋砌体结构构件,钢筋的保护层应比本条规定的厚度最少增加 5 mm,或采用经防腐处理的钢筋抗渗混凝土砌块等。

讲 91:配筋砌块砌体柱

配筋砌块砌体柱应符合下列规定:

（1）柱截面边长不应小于400 mm,柱高度与截面短边之比不应大于30。

（2）柱的纵向钢筋的直径不应小于12 mm,数量不应少于4根,全部纵向受力钢筋的配筋率不应小于0.2%。

（3）柱中箍筋的设置应根据下列情况确定:

1）当纵向钢筋的配筋率超过0.25%,且柱承受的轴向力大于受压承载力设计值的25%时,柱应设置箍筋,当配筋率为0.25%时,或柱承受的轴向力小于受压承载力设计值的25%时,柱中可不设置箍筋;

2）箍筋直径不应小于6 mm;

3）箍筋的间距不应大于16倍的纵向钢筋直径、48倍箍筋直径以及柱截面短边尺寸中较小者;

4）箍筋应封闭,端部应弯钩;

5）箍筋应设置在灰缝或灌孔混凝土中。

5.3　框架填充墙施工

在钢筋混凝土框架结构中,隔墙是在混凝土框架结构施工完成后再填充砌筑的,因此一般称为填充墙。在短肢剪力墙结构中,也有类似的填充墙。

《建筑抗震设计规范》（GB 50011—2010）对隔墙、填充墙的构造要求有下列规定:非承重墙体宜优先采用轻质墙体材料;采用砌体墙时,应采取措施减少对主体结构的不利影响,并应设置拉结筋、水平系梁、圈梁、构造柱等与主体结构可靠拉结。

填充墙通常使用普通混凝土小型空心砌块（简称普通小砌块）、蒸压加气混凝土砌块及轻骨料混凝土小型空心砌块（简称轻骨料小砌块）。

讲92:填充墙的构造

1.填充墙本身构造

（1）填充墙除应满足稳定与自承重外,尚应考虑水平风荷载及地震作用。填充墙体墙厚不应小于120 mm;填充墙应砌筑在各楼层的楼地面上,其砌筑的砂浆强度等级不应低于M5（Mb5、Ms5）。

（2）填充墙在平面和竖向的布置,应均匀对称,避免形成薄弱层或短柱。

（3）填充墙应沿框架柱全高每隔500 mm设置2φ6拉筋,拉筋伸入墙内的长度,6、7度时宜沿墙全长贯通,8、9度时应全长贯通。

（4）墙长大于5 m时,墙顶和梁宜有拉结;墙长超过8 m或层高2倍时,应设置钢筋混凝土构造柱;墙高超过4 m时,墙体半高应设置与柱连接且沿墙全长贯通的钢筋混凝土水平系梁。

（5）楼梯两侧的填充墙及人流通道的围护墙,尚应设置间距不大于层高的钢筋混凝土构造柱,并采用钢丝网砂浆面层加强。

2.填充墙与框架柱、梁的连接

《砌体结构设计规范》（GB 50003—2011）规定,填充墙与框架柱、梁有不脱开和脱开两种连接方式。

(1)填充墙与框架柱、梁不脱开时的构造。

填充墙两侧与框架柱不脱开时的构造做法如图 5.12 所示。填充墙顶部和框架梁、板不脱时的构造做法如图 5.13 所示。其他构造要求如下：

1)沿柱高每隔 500 mm 应配置 2ϕ6 拉结钢筋（墙厚大于 240 mm 时配置 3ϕ6），钢筋伸入填充墙长度不应小于 700 mm，且拉结钢筋应错开截断，距离不宜小于 200 mm。填充墙墙顶应与框架梁紧密结合。顶面和上部结构接触处宜用一皮砖或配砖斜砌楔紧。

图 5.12 中拉结钢筋伸入墙内长度 L：非抗震设计时不宜小于 600 mm，抗震及设防烈度为 6、7 度时不宜小于墙长的 1/5 且不小于 700 mm，8 度时应沿墙全长贯通。接结钢筋和预埋件锚筋应锚入墙、柱竖向受力钢筋内侧。

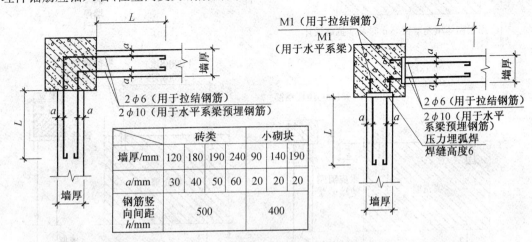

		砖类				小砌块		
墙厚/mm	120	180	190	240	90	140	190
a/mm	30	40	50	60	20	20	20
钢筋竖向间距 h/mm		500			400		

图 5.12 填充墙两侧与框架柱不脱开时的构造做法

2)当填充墙有洞口时，应在窗洞口的上端或下端、门洞口的上端设置钢筋混凝土带，钢筋混凝土带应和过梁的混凝土同时浇筑，其过梁的断面和配筋由设计确定。钢筋混凝土带的混凝土强度等级不小于 C20。当有洞口的填充墙尽端到门窗洞口边距离小于 240 mm 时，宜采用钢筋混凝土门窗框。

3)当采用填充墙与框架柱、梁不脱开，填充墙长度大于 5 m 或墙长大于 2 倍层高时，墙顶与梁应有拉接措施，中间应加设构造柱；墙高度超过 4 m 时应在墙高中部设置与柱连接的通长钢筋混凝土带，墙高超过 6 m 时，应沿墙高每 2 m 设置与柱连接的断面高度 60 ~ 120 mm 的通长钢筋混凝土带。

(2)填充墙与框架柱、梁脱开时的构造。

填充墙与框架柱脱开连接时的构造要求做法如图 5.14 所示。填充墙与框架梁脱开连接时的构造要求做法如图 5.15 所示。其他构造要求如下：

1)填充墙两端与框架柱、填充墙顶面与框架梁应留出 10 ~ 15 mm 的间隙。

2)在距门窗洞口每侧 500 mm 和其间距离 20 倍墙厚且不超过 5 000 mm 处的墙体两侧的凹槽内设置竖向钢筋及拉结钢筋，并应符合下列要求：

①凹槽的尺寸宜为 50 mm×50 mm。凹槽可在砌筑时切割块材，或由专门的块型砌筑；或在砌筑时留出 50 mm×50 mm 宽的竖缝而成，但该缝应用不低于 M5（Mb5、Ms5）的砂浆填实，且在缝每侧 400 mm 范围内布置 3ϕ^b4 焊接网片或 2ϕ^R6 钢筋，其竖向间距不应大于 400 mm。

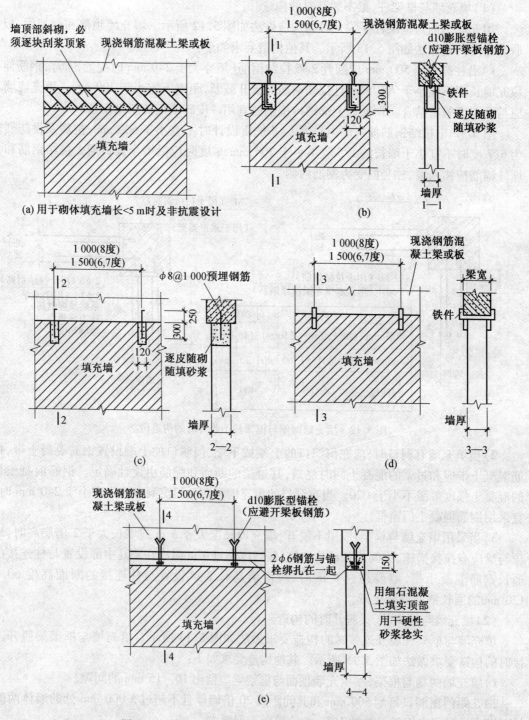

图 5.13　填充墙顶部与框架梁、板不脱开时的构造做法

②凹槽内的竖向钢筋不应小于 $\phi12$,拉筋应采用中 ϕ^R5,竖向间距不应大于 600 mm。竖向钢筋应与框架梁的预留钢筋连接,绑扎接头时不应小于 $30d$,焊接时不应小于 $10d$。

3)当填充墙长超过5m,应在墙体上部1/3范围内设置通长焊接网片,其竖向间距不应

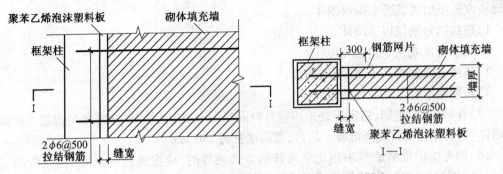

图 5.14　填充墙与框架柱脱开连接时的缝隙构造做法

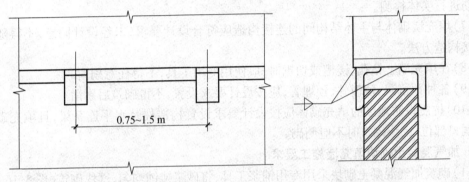

图 5.15　填充墙与框架梁脱开连接时的构造做法

大于 400 mm,当夹心墙已有通长焊接网片时则不需设置通长焊接网片。

4)填充墙与框架柱、梁的缝隙可选用聚苯乙烯泡沫塑料板板条或聚氨酯发泡充填,并用硅酮胶或其他弹性密封材料封缝。

讲93:填充墙施工主要要求

1.一般规定

用空心砖、蒸压加气混凝土砌块、轻骨料混凝土小型空心砌块等砌筑填充墙砌体必须符合:

(1)轻骨料混凝土小型空心砌块、蒸压加气混凝土砌块砌筑时,其产品龄期应大于 28d;蒸压加气混凝土砌块的含水率宜小于 30%。

(2)吸水率较小的轻骨料混凝土小型空心砌块及采用薄层砂浆砌筑法施工的蒸压加气混凝土砌块,砌筑前不应对其浇水湿润;在气候干燥炎热的情况下,对吸水率较小的轻骨料混凝土小型空心砌块宜在砌筑前浇水湿润。

(3)采用普通砂浆砌筑填充墙时,烧结空心砖、吸水率较大的轻骨料混凝土小型空心砌块应提前 1d~2d 浇水湿润;蒸压加气混凝土砌块采用专用砂浆或普通砂浆砌筑时,应在砌筑当天对砌块砌筑面浇水湿润。块体湿润程度宜符合下列规定:

1)烧结空心砖的相对含水率宜为 60%~70%;

2)吸水率较大的轻骨料混凝土小型空心砌块、蒸压加气混凝土砌块的相对含水率宜为 40%~50%。

(4)在没有采取有效措施的情况下,不应在下列部位或环境中使用轻骨料混凝土小型空心砌块或蒸压加气混凝土砌块砌体：

　　1）建筑物防潮层以下墙体；

　　2）长期浸水或化学侵蚀环境；

　　3）砌体表面温度高于80 ℃的部位；

　　4）长期处于有振动源环境的墙体。

　　（5）在厨房、卫生间、浴室等处采用轻骨料混凝土小型空心砌块、蒸压加气混凝土砌块砌筑墙体时，墙体底部宜现浇混凝土坎台，其高度宜为150 mm。

　　（6）填充墙的拉结筋当采用化学植筋的方式设置时，应按规范《砌体结构工程施工规范》（GB 50924—2014）附录 B 的规定进行拉结钢筋的施工，并应按本规范附录 C 的要求对拉结筋进行实体检测。

　　（7）填充墙砌体与主体结构间的连接构造应符合设计要求，未经设计同意，不得随意改变连接构造方法。

　　（8）在填充墙上钻孔、镂槽或切锯时，应使用专用工具，不得任意剔凿。

　　（9）各种预留洞、预埋件、预埋管，应按设计要求设置，不得砌筑后剔凿。

　　（10）抗震设防地区的填充砌体应按设计要求设置构造柱及水平连系梁，且填充砌体的门窗洞口部位，砌块砌筑时不应侧砌。

　　2. 加气混凝土砌块填充墙施工要求

　　（1）砌筑加气混凝土砌块采用专用铺浆工具，将砂浆摊铺均匀，逐块砌筑（图5.16）。

　　（2）砌块应上下皮相互错缝，错缝长度不应小于砌块长度的1/3，并不小于150 mm。如无法满足时，在水平灰缝中应设置 $2\phi6$ 钢筋或 $\phi4$ 钢筋网片加强，加强筋长度不宜小于500 mm。

　　（3）灰缝应横平竖直，砂浆饱满。水平灰缝厚度不应大于15 mm；垂直灰缝宽度不应大于20 mm，宜用内外临时夹板灌缝。

　　（4）切锯砌块应采用刀锯（可用木工厂废带锯条改制）配以平直架进行（图5.17）。不应用斧子或瓦刀任意砍劈。

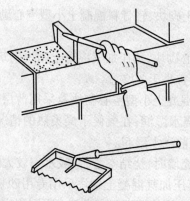

图5.16　用专用铺浆器摊铺

　　（5）在加气混凝土砌块面上镂槽，应采用镂槽工具，先用齿面后用刃面（图5.18）。

　　（6）不同干密度和强度等级的加气混凝土砌块不得混砌。加气混凝土砌块也不应与其他砖、砌块混砌。

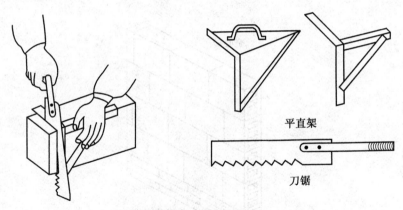

平直架

刀锯

图 5.17 切锯加气混凝土砌块

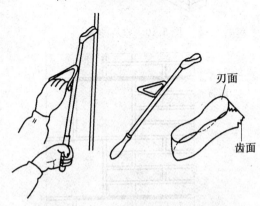

刃面

齿面

图 5.18 在加气混凝土砌块面上镂槽

3. 空心砖填充墙施工要求

(1)空心砖墙所用砂浆的强度等级不得低于 M25。空心砖墙的厚度等于空心砖的高度。

(2)空心砖应侧立砌筑,其孔洞在水平方向,上下皮垂直灰缝相互错开不少于 1/3 砖长。空心砖墙底下宜用普通砖平砌 3 皮砖高,当作墙垫(图 5.19)。

(3)空心砖墙宜采用"满刀灰刮浆法"进行砌筑,空心砖墙的灰缝需横平竖直,水平灰缝厚度与垂直灰缝宽度宜为 10 mm,但不宜小于 8 mm,也不宜大于 12 mm。灰缝中砂浆应饱满。水平灰缝砂浆饱满度不应低于 80%,垂直灰缝不应出现透明缝。

(4)空心砖墙砌至近上层楼板底,如果不够空心砖规格,应用普通砖或多孔砖补砌,严禁打凿空心砖补砌。

(5)门窗洞口两侧一砖(240 mm)范围内,应采用普通砖砌筑,每隔 2 皮空心砖高,在水平灰缝中设置 2 根直径 6 mm 的拉结钢筋,钢筋长度不小于普通砖长度与空心砖长之和(图 5.20)。

(6)空心砖墙转角处和交接处应用普通砖实砌,实砌长度从墙中心算起不小于 370 mm。

(7)空心砖墙中不应留置脚手眼。

(8)空心砖墙每日砌筑高度不应超过 1.2 m。

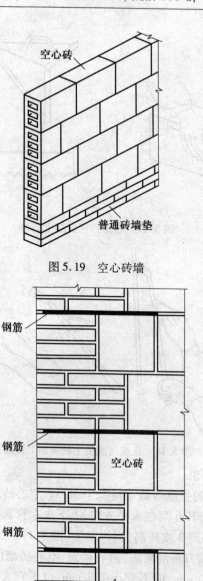

图 5.19 空心砖墙

图 5.20 空心砖墙在洞口处砌法

5.4 墙梁施工

底框结构房屋中,下部是钢筋混凝土框架结构、上部是砌体结构,上部的墙体不得直接落到基础上,而是由钢筋混凝土梁(托梁)承托上部墙体,设计考虑由钢筋混凝土托梁与托梁以上计算高度范围内的砌体墙所组成的组合构件,来共同承担墙体自重及由屋盖、楼盖传来的荷载,即称为墙梁。与钢筋混凝土框架结构相比,采用墙梁可节省钢材 50%、模板 50%、水泥 25%;节省人工 25%,降低造价 20%,并可加快施工速度,具有明显的效益。

讲94:墙梁的构造

墙梁的设计除应符合设置规定、满足承载力要求以外,还应符合有关的构造要求。

1. 材料

(1)梁的混凝土强度等级不得低于 C30。

(2)纵向受力钢筋应采用 HRB335、HRB400 或 RRB400 级钢筋。

(3)承重墙梁的块体强度等级不得低于 MU10,计算高度范围内墙体的砂浆强度等级不得低于 M10(Mb10)。

2. 墙体

(1)框支墙梁的上部砌体房屋,以及设有承重的简支墙梁或连续墙梁的房屋,应符合刚性方案房屋的要求。

(2)墙梁计算高度范围内的墙体厚度,对砖砌体不得小于 240 mm;对混凝土小型砌块砌体不得小于 190 mm。

(3)墙梁洞口上方应设置钢筋混凝土过梁,其支撑长度不得小于 240 mm;洞口范围内不得施加集中荷载。

(4)承重墙梁的支座处应布设落地翼墙。翼墙厚度,对砖砌体不得小于 240 mm;对混凝土砌块砌体不得小于 190 mm。翼墙宽度不应小于墙梁墙体厚度的 3 倍,并与墙梁墙体同时砌筑。当无法设置翼墙时,应设置落地且上、下贯通的构造柱。

(5)当墙梁墙体在靠近支座 1/3 跨度范围内开洞时,支座处应布设落地且上、下贯通的构造柱,并应与每层圈梁连接。

(6)墙梁计算高度范围内的墙体,日可砌筑高度不应超过 1.5 m;否则,应增设临时支撑。

3. 托梁

(1)有墙梁房屋的托梁两侧各两个开间的楼盖需采用现浇混凝土楼盖,楼板厚度不宜小于 120 mm,当楼板厚度超过 150 mm 时,应采用双层双向钢筋网,楼板上应少开洞,洞口尺寸超过 800 mm 时应设洞口边梁。

(2)托梁每跨底部的纵向受力钢筋应通长布置,不得在跨中弯起或截断。钢筋连接需采用机械连接或焊接。

(3)托梁跨中截面的纵向受力钢筋总配筋率不得小于 0.6%。

(4)托梁距边支座边 $l_0/4$ 范围内,上部纵向钢筋面积不得小于跨中下部纵向钢筋面积的 1/3。连续墙梁或多跨框支墙梁的托梁中间支座上部附加纵向钢筋从支座边算起每边延伸不得少于 $l_0/4$。

(5)承重墙梁的托梁在砌体墙、柱上的支撑长度不得小于 350 mm。纵向受力钢筋伸入支座需符合受拉钢筋的锚固要求。

(6)当托梁截面高度 h_b 不小于 450 mm 时,应沿梁截面高度设置通长水平腰筋,其直径不得小于 12 mm,间距不得大于 200 mm。

(7)对于洞口偏置的墙梁,其托梁应按照图 5.21 所示的范围加密箍筋,箍筋直径不宜小于 8 mm,间距不宜大于 100 mm。

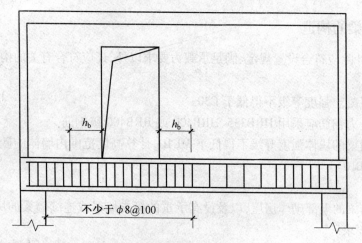

图 5.21　偏开洞时托梁箍筋加密区

讲 95：墙梁的施工

从墙梁的原理可知,墙梁工作的前提是托梁的混凝土强度与梁上砌体的强度均达到设计强度,而在实际施工过程中,这是存在一段前后时间差的,正是在这个形成墙梁的时间段,也是墙梁最危险的时段,所以,必须高度重视墙梁的施工,除了上述墙梁的构造要求中的相关规定外,还需注意:

(1)底框结构中的转换层是否按墙梁设计,设计单位应当在图纸上加以明确,并且在进行设计交底时,还需进行说明,作为施工方,对此同样应加以关注。

(2)在托梁上砌筑砌体之前,梁面需凿毛清洗干净,铺一层 15～20 mm 厚的砂浆,然后再砌筑砌体,并且要确保砂浆饱满度,以使托梁与墙体界面的剪力均匀传递,梁与墙体共同工作。

(3)施工过程要防止较大的集中荷载作用在墙梁顶面上,以免墙梁发生突然的劈裂破坏。

(4)在墙梁的砌体计算高度内不应随便开洞口,禁止在墙梁计算高度的支座宽度内留置施工通道或洞口,以免墙梁被破坏。

5.5　砖化粪池施工

最早的化粪池见于 19 世纪的欧洲,距今已有 100 多年的历史,化粪池就是流经池子的污水和沉淀污泥直接接触,有机固体借助厌氧细菌作用分解的一种沉淀池。最初化粪池作为一种防止管道发生堵塞而设置的截粪设施,在截留、沉淀污水中的大颗粒杂质、避免污水管道堵塞、减小管道埋深、保护环境上发挥积极作用。在我国,化粪池是人们生活不可缺少的配套生活设施,基本每一个建筑物都设有相应的化粪池设施。

讲 96：砖化粪池的构造要求

1.化粪池设置条件
在下列情况下应设置化粪池:

（1）当城镇没有污水处理厂时，生活粪便污水应设置化粪池，经化粪池处理合格后的水才能排入城镇下水道或水体。

（2）城镇虽然有生活污水处理厂的规划，但其建设滞后于建成生活小区，就应在生活小区内设置化粪池。

（3）一些大、中城市因为排水管网系统较长，为防止粪便淤积堵塞下水道，也需设置化粪池，粪便污水经预处理后再排入城市管网。

（4）城市管网为合流制排水系统时，生活粪便污水应先经过化粪池处理后，再排入合流制管网。大城市的排水管网对于排放水质量有一定要求时，粪便污水也应设化粪池进行预处理，如果化粪池处理后的水质仍不符合排放标准时，则需采取深化污水处理措施。

2. 化粪池的选型

化粪池已经纳入标准设计，分为《钢筋混凝土化粪池》（03S702）、《砖砌化粪池》（02S701）两大系列，设计时根据标准图集进行选型即可。

（1）当进入化粪池的污水量不大于 10 m^3/h 时，应选用双格化粪池，其中第一格容积应占总容积的 75%。

（2）当进入化粪池的污水量大于 10 m^3/h 时，应采用三格化粪池，第一格容积约为总容积的 50%，第二、三格容积各为 25%。

（3）当化粪池的总容积超过 50 m^3 时，应设置两个并联的化粪池。

砖混化粪池因为设计、施工、使用管理等方面的诸多问题，导致不少砖化粪池使用 1～2 年后开始渗漏，严重污染了地下水资源，已有省市逐渐淘汰砖混化粪池，推广应用地埋式污水处理池（HFRP 玻璃钢整体式化粪池）。

3. 砖砌化粪池的构造

砖化粪池由钢筋混凝土底板、隔板、顶板及砖砌墙壁组成。化粪池的埋置深度通常大于 3 m，且要在冻土层以下。图 5.22 为砖化粪池的示意图。

讲 97：砖化粪池的施工

1. 施工程序

化粪池基坑土方开挖→基坑土体护坡加固→基坑降水→基坑底部清槽→铺垫层下卵石或碎石层→浇筑混凝土垫层→砌筑池壁→化粪池顶盖及圈梁支模、绑筋、浇注混凝土→化粪池顶盖预制板制作→化粪池顶盖拆模→化粪池内壁、外壁防水→24 h 灌水实验→土方回填→化粪池预制顶盖安装。

2. 化粪池砌筑

（1）准备工作。

1）普通砖、水泥、中砂、碎石或卵石，准备充足。

2）其他包括钢筋、预制隔板、检查井盖等，要求均已备好料。

3）基坑定位桩与定位轴线已经测定，水准标高已确定并做好标志。

4）基坑底板混凝土已浇好，并且进行了化粪池壁位置的弹线。基坑底板上无积水。

5）立好皮数杆。

（2）砌筑要点。

1）砌筑应选用水泥砂浆，按设计要求的强度等级和配合比拌制。

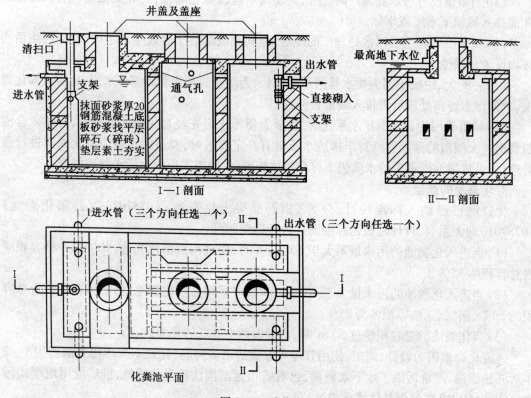

I—I 剖面　　　　　　　　　II—II 剖面

化粪池平面

图 5.22　砖化粪池

2）一砖厚的墙可以采取梅花丁或一顺一丁砌法；一砖半或两砖墙采取一顺一丁砌法。

3）砌筑时应先在四角盘角，随砌随检查垂直度，中间墙体拉准线检测平整度；内隔墙应与外墙同时砌筑，不应留槎。

4）砌筑的关键是正确留置预留洞。要特别注意皮数杆上预留洞的位置，准确地砌筑好孔洞，保证化粪池使用功能。

5）凡设计中要求安装预制隔板的，砌筑时需在墙上留出安装隔板的槽口，隔板插入槽内后，应使用 1：3 水泥砂浆将隔板槽缝填嵌牢固，如图 5.23 所示。

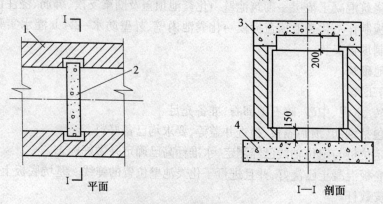

平面　　　　　　　　　I—I 剖面

图 5.23　化粪池隔板安装

1—砖砌体；2—混凝土隔板；3—混凝土顶板；4—混凝土底板

6) 化粪池墙体砌完后,及时进行墙身内外抹灰。内墙采用三层抹灰,外墙采用五层抹灰,采用现浇盖板时,在拆模以后应进入池内检查并作修补。

7) 抹灰完毕可在池内支撑现浇顶板模板,绑扎钢筋,经过隐蔽验收后即可浇灌混凝土。顶板是预制盖板时,在墙上垫上砂浆吊装就位。

8) 化粪池本身除了污水进出的管口之外,其他部位均须封闭墙体,在回填土前,需进行抗渗试验。试验方法是将化粪池进出口管堵住,在池内注满水,观察有无渗漏水,经过检验合格符合标准后,方可回填土。回填土时顶板及砂浆强度都应达到设计强度,防止墙体被挤压变形及顶板压裂,填土时应分层夯实,每层虚铺厚度 300 ~ 400 mm。

6 砌体工程季节性施工细部做法

6.1 砌体工程冬期施工

讲98:砌筑工程冬期施工准备工作

1. 技术准备

（1）冬期施工前，要和工程所在地的气象部门取得联系，掌握气象资料。根据气象预报、当地施工经验资料或历年气象资料预估冬期施工时间。

（2）应做好冬期施工前准备工作，包括临设、热源、设备检查、防寒保温材料贮备、原材料出厂化验单以及外加剂产品说明书等，对水泥、外加剂等产品进场后要取样送到实验室检验，经复验合格后，才能使用。

2. 材料要求

（1）冬期施工所用材料应符合下列规定：

1）砖、砌块在砌筑前，应清除表面污物、冰雪等，不得使用遭水浸和受冻后表面结冰、污染的砖或砌块；

2）砌筑砂浆宜采用普通硅酸盐水泥配制，不得使用无水泥拌制的砂浆；

3）现场拌制砂浆所用砂中不得含有直径大于 10 mm 的冻结块或冰块；

4）石灰膏、电石渣膏等材料应有保温措施，遭冻结时应经融化后方可使用；

5）砂浆拌和水温不宜超过 80 ℃，砂加热温度不宜超过 40 ℃，且水泥不得与 80 ℃以上热水直接接触；砂浆稠度宜较常温适当增大，且不得二次加水调整砂浆和易性。

（2）冬期施工砂浆试块的留置，除应按照常温规定要求外，还应增留不少于一组与砌体同条件养护的试块，测试检验 28 d 强度。

（3）冬期施工砖石材料除应达到国家标准要求外，应符合表 6.1 的要求。

表 6.1　砌筑材料的质量标准

材料名称		吸水率	要　　求
普通黏土砖	实心	10%~15%	应清除表面污物及冰、霜、雪等； 受水浸泡、受冻的砖、砌块不能使用； 砌筑时，当室外气温在 0 ℃以上时，普通黏土砖可适当浇水湿润，以吸深 10 mm 为宜，随浇随用，表面不得有游离水
	空心		
黏土质砖	实心	5%~8%	
	空心		
小型空心砌块		2%~3%	
加气混凝土砌块		70%~80%	
石材		1%~6%	除应符合上述条件外，石材表面同时不应有水锈

注：1. 黏土质砖系指粉煤灰、煤矸石砖等。2. 小型宅心砌块系指硅酸盐质的砌块。

(4)砌筑应采用普通硅酸盐水泥,禁止使用无熟料水泥。水泥的强度等级应根据砌体部位和所处环境来选择,通常以 32.5 级为宜。水泥不得受潮结块。如果遇到水泥强度等级不明或出厂日期超过三个月情况,应经试验鉴定后,才能使用。不同品种的水泥不得混合搅拌使用。

(5)把生石灰放在灰池中加水熟化,熟化后所得膏状材料称为石灰膏。生石灰熟化时间不少于 7 d。灰池中贮存的石灰膏应避免污染、干燥和冻结。如受冻,应经融化后才能使用。受冻脱水风化干燥的石灰膏禁止使用。配制砂浆使用石灰膏时,石灰膏以稠度 120 mm 为准,如果施工时石灰膏稠度不足 120 mm,可按表 6.2 对掺量进行调整,即实际掺量 = 调整系数×配合比要求用量。

表 6.2　不同稠度石灰膏掺量调整系数

石灰膏稠度	120	110	100	90	80	70	60	50	40	30
调整系数	1.00	0.99	0.97	0.95	0.93	0.92	0.90	0.88	0.87	0.86

(6)施工用砂硬用中砂,并应过筛,其质量要求应符合《普通混凝土用砂、石质量及检验方法标准(附条文说明)》(JGJ 52—2006)要求,见表 6.3。水泥砂浆或砂浆强度等级不小于 M5 的水泥混合砂浆,砂的含泥量不应超过 5%;强度等级大于 M5 的水泥混合砂浆,砂的含泥量不应超过 10%。

表 6.3　胶结材料及骨料的质量标准

材料名称	要　　求
水泥	砂浆宜采用普通硅酸盐水泥,不可使用无熟料水泥,一般以强度等级 32.5 为宜
砂子	拌制砂浆的砂子不得含有冰块和直径大于 10 mm 的冻结块
石灰膏、电石膏、黏土膏	应防止冻结,如已受冻,应经融化后方可使用;凡受冻面有脱水、风化现象的石灰膏不得使用

(7)对外加剂的使用应符合相关的标准。

1)防冻剂:砌筑时砂浆使用的防冻剂分单组分和复合产品。单组分材料的质量要求需符合相应的国家标准;复合产品需是经省、市级以上部门鉴定并认证的产品,其质量要求见厂家产品说明书。

2)微沫剂:使用的微沫剂应是经过省、市以上部门鉴定并认证的产品。其主要指标 pH 应为 7.5 ~ 8.5;有效成分不低于 75%;游离松香含量不超过 10%;0.02% 水溶液起泡率大于 350%;1.0% 水溶液起泡高度为 80 ~ 90 mm;消泡时间超过 7 d。微沫剂的掺量通常为水泥用量的 0.005% ~ 0.010%(微沫剂按 100% 纯度计)。使用微沫剂应用不低于 70 ℃的热水配制溶液,按照规定浓度溶液投入搅拌机中搅拌砂浆时,搅拌时间不少于 3 min。拌制的溶液禁止冻结。

砌体冬期施工防冻剂应优先选用单组分氯盐类外加剂(如氯化钠、氯化钙)。当气温不太低时,可选用单掺氯化钠;当温度低于−15 ℃时,可选用双掺盐(氯化钠和氯化钙)。氯盐砂浆的掺量应符合表 6.4 的规定。

表6.4　氯盐外加剂掺加量(占用水总量%)

种类	掺入物	砌筑材料	日最低气温			
			≥−10 ℃	−15~−11 ℃	−20~−16 ℃	≤−20 ℃
单盐	氯化钠	砌砖、砌块	3	5	7	—
		砌石	4	7	10	—
复盐	氯化钠	砌砖、砌块	—	—	5	7
	氯化钙		—	—	2	3

注:1.表中掺盐量均以无水氯化钠和氯化钙计。

2.氯化钠和氯化钙的密度与含量可按表9.4换算。

3.如有可靠试验依据,也可适当增减盐类的掺量。

4.当日最低气温低于−20 ℃时,砌石工程不宜进行施工。

如使用其他各种复合型外加剂,应参照相应的使用说明书决定掺量,并注意使用环境要求。

(8)对砌筑砂浆的使用应符合相关的标准。

1)砂浆的强度等级和品种必须符合设计要求,试块经过28 d标准养护后应达到设计规定的强度。

2)流动性需满足砌筑要求。

3)砂浆在运输及使用时不得产生泌水、分层、离析现象,要确保砂浆组分的均匀性。

4)在特殊情况下尚应满足抗冻性和防腐蚀性等方面的要求。

3.主要机具及作业条件

外加剂法砌筑工程冬期施工除需要正常施工的机具外,根据冬期施工方法还应配备表6.5的器具。

表6.5　冬期施工器具配备表

序号	机具名称	规格	性能或参数	数量	备注
1	容器	5~10 L			配置外加剂溶液
2	吊秤	—			外加剂溶液密度量测
3	保温材料	—	—	—	如草袋、岩面、毛毡等
4	保温暖棚				用于暖棚法砌筑
5	加热器具				
6	测温器具	—	—	—	如水银温度计、电子温度计

技术准备、材料(包括保温材料)准备及储备、人力组织达到施工要求,并具备作业条件和能够展开作业。

4.施工组织及人员准备

(1)砌体冬期施工需编制专项冬期施工方案。

(2)进行技术交底,交底内容包括:

1)冬期施工工艺和方法;

2）冬期施工质量标准和要求；

3）技术安全措施、砌体工程施工验收规范等。

（3）冬期施工的砌体工程除应按本书其他章节要求配备施工及管理人员外，还应设专人或专职的测温人员外加剂溶液应设置专人负责配制和掺加。

（4）冬期施工应建立安全消防、防火组织机构。

讲99：冬期施工措施

1. 外加剂法施工

外加剂法，也称掺盐砂浆法。即在砌筑砂浆中掺入一定数量的盐类作为抗冻化学剂，来降低砂浆中水分的冰点，以确保砂浆中的液态水存一定负温状态下不冻结，并使水泥的水化反应在一定温度下可以连续进行，促使砂浆强度在一定的负温状态下持续缓慢地增长。

（1）主要组成成分与计量标准。目前，施工中主要掺加氯盐，以单盐（氯化钠 NaCl）或复盐（氯化钠 NaCl + 氯化钙 CaCl$_2$）的形式进行掺加。其他掺加的盐类还包括亚硝酸钠（NaNO$_2$）、碳酸钾（K$_2$CO$_3$）、硝酸钙（Ca(NO$_3$)$_2$）等。

（2）作用原理。因为盐分的存在，降低了砂浆中液态水的冰点，保持了砂浆中液态水的存在，使水化反应可以在一定的负温下继续进行，从而使砂浆强度继续缓慢增长，直到硬化。这样，使砌体表面不会因为立即结冰冻死而形成冰膜，确保砂浆与砌体之间能较好地黏结形成一个整体，从而提高了整个砌体的强度。此法在施工工艺上简便，施工费用低，技术上比较成熟可靠，而且货源易于解决，是我国砌筑工程在冬期施工中常使用的方法。

但是，因为氯盐砂浆吸湿性较大，会使砌体表面发生盐析现象。掺盐法拌制的砌筑砂浆，其掺盐量应根据当天或当与时气温而定。不同的负温条件，其掺盐量应有不同的要求。若砂浆中氯盐掺量过少，则起不到抗冻效果或防冻效果不好，多余的水分会冻结，即砂浆内可能会出现大量冻结水晶体，使得砂浆中水泥的水化反应极其缓慢，降低砂浆的早期强度，进而影响砌体质量。如果氯盐掺量过多，比如大于用水量的10%时，会引起砌筑砂浆的后期强度的明显降低。同时，氯盐含量过大，砌体将产生严重的盐析现象，增大砌体的吸湿性，降低砌体的保温性能。尤其是对配筋砌体或设有预埋铁件的砌体。氯盐对铁件易产生腐蚀。所以，冬期施工掺盐砂浆的掺盐量必须按表6.6规定的用量执行。

表6.6　氯化钠和氯化钙溶液的相对密度与含量的关系

15 ℃时溶液相对密度	无水氯化钠含量/kg		15 ℃时溶液相对密度	无水氯化钙含量/kg	
	1 L 溶液中	1 kg 溶液中		1 L 溶液中	1 kg 溶液中
1.02	0.029	0.029	1.02	0.025	0.025
1.03	0.044	0.043	1.03	0.037	0.036
1.04	0.058	0.056	1.04	0.050	0.048
1.05	0.073	0.070	1.05	0.062	0.059
1.06	0.088	0.083	1.06	0.075	0.071
1.07	0.103	0.096	1.07	0.089	0.084
1.08	0.119	0.110	1.08	0.102	0.094

续表6.6

15℃时溶液相对密度	无水氯化钠含量/kg		15℃时溶液相对密度	无水氯化钙含量/kg	
	1 L溶液中	1 kg溶液中		1 L溶液中	1 kg溶液中
1.09	0.134	0.122	1.09	0.114	0.105
1.10	0.149	0.136	1.10	0.126	0.115
1.11	0.165	0.149	1.11	0.140	0.126
1.12	0.181	0.162	1.12	0.153	0.137
1.13	0.198	0.175	1.13	0.166	0.147
1.14	0.214	0.188	1.14	0.180	0.158
1.15	0.230	0.200	1.15	0.193	0.168
1.16	0.246	0.212	1.16	0.206	0.178
1.17	0.263	0.224	1.17	0.221	0.189
1.175	0.271	0.231	1.18	0.236	0.199
—	—	—	1.19	0.249	0.209
—	—	—	1.20	0.263	0.219
—	—	—	1.21	0.276	0.228
—	—	—	1.22	0.290	0.238

（3）适用范围。根据规范规定,在实际运用中,对具有保温、绝缘、装饰等特殊要求的建筑物及构筑物,不得采取加氯盐的方法进行施工,如艺术装饰要求高的工程,使用湿度超过60%的建筑物,发(变)电站、配电房,保温和热工要求高的建筑物,配有钢筋(含受力钢筋)的砌体,处于地下水位变化范围内和水下未设防水保护层的砌体结构工程。

（4）施工注意事项。

1）砌砖施工。

①外加剂溶液配置应采用比重(密度)法测定溶液浓度。在氯盐砂浆中加入微沫剂时,应先加氯盐溶液、后加微沫剂溶液,并应先配制成规定浓度溶液放到专用容器中,然后按规定加入搅拌机中制得所需砂浆。

②砂浆配置计量需准确,应以重量比为主,水泥、外加剂掺量的计量误差控制在±2%以内。

③当采用加热方法时,砂浆的出机温度不应超过35℃,使用时的砂浆温度应不低于5℃。

④冬期施工砌砖时,砖和砂浆的温度差值宜控制在20℃以内,最大不应超过30℃。

⑤冬期施工砖浇水有困难,可增加砂浆稠度来解决砖含水量不足而影响砌筑质量等因素,但砂浆最大稠度不能超过130 mm。

⑥冬期施工砌砖,墙体每日砌筑高度不应超过1.80 m,墙体留置的洞口,距交接墙壁处不宜小于50 cm。

⑦冬期施工砌筑砌块时,禁止浇水湿润砌块。砌筑砂浆宜选用水泥石灰混合砂浆,必用

用水泥砂浆或水泥黏土混合砂浆。为保证铺灰均匀,并且与砌块黏结良好,砂浆稠度宜为50~60 mm。

2)砌块施工。

①施工过程中需将各种材料集中堆放,并用草帘草包遮盖保温,砌好的墙体也需用草帘遮盖。

②施工时禁止浇水润湿砌块。

③砌筑砂浆宜选用水泥石灰混合砂浆,不得用水泥砂浆或水泥黏土混合砂浆。为找正铺灰均匀,并与砌块黏结良好,砂浆稠度应为50~60 mm。

④砌块就位后,如发现偏斜,可用人力轻轻推动或用小铁棒稍稍撬挪移动,发现高低不平,可用木槌敲击偏高处,直到校正为止。也可将块体吊起,重新铺平灰缝砂浆,再安装到水平,禁止用石块或楔块等垫在砌块的底部以求平整。

2. 冻结法施工

冻结法是指采用不掺加任何抗冻外加剂的普通水泥砂浆或混合砂浆进行施工砌筑的一种冬期施工方法。

(1)作用原理。冻结法施工的砖石砌体,砂浆冻结后仍具有较大的冻结强度,且能随气温的下降而逐步提高。当气温升高而使砌体解冻时,砂浆强度仍等于冻结前的强度,因此可保证砌体在解冻期间的稳定和安全;当气温由负温进入正温后,水泥水化作用又重新进行,砂浆的强度随着气温的升高而开始增强。冻结法施工时,可依据气温情况适当提高砂浆强度等级1~2级。

(2)适用范围。采用冻结法施工的砂浆砌体砌筑,通常要经过冻结、融化及硬化三个阶段,无法避免地造成砌筑砂浆的强度、砂浆与砌体之间的黏结力不同程度的损失。尤其是在砌体的融化阶段,其砂浆强度接近于零。砌体材料因为受重力的作用,将会使砌体结构的变形幅度及沉降量增大。某些砌体由于自身的结构特点或受力状态等原因,采用冻结法施工后,稳定性更差,若采用加固措施,也比较复杂,且很难保证安全可靠。因此,以下砌体工程不允许采用冻结法施工:

1)空斗墙。

2)毛石混凝土砌体和毛石砌体。

3)砖薄壳、双曲砖拱、筒拱及承受侧压力的砌体。

4)在解冻期间可能受到振动或动力荷载的砌体。

5)在解冻期间不允许发生沉降的结构。

6)混凝土小型空心砌块砌体。

(3)施工工艺。采用冻结法施工时,应严格遵循"三一"砌筑方法。组砌方式通常采用"一顺一丁"。每面墙在其长度内,应同时连续施工不可间断。对外墙转角处与内外墙交接处,更应精心砌筑,注意砌体砌筑灰缝的厚度及砂浆的饱满度。

冻结法施工中宜采用水平分段浇筑施工,通常墙体在一个施工段范围内或每砌筑至一个施工层的高度时,施工不可间断。对不设沉降缝的砌体,其分段处两边的高度差不应大于4 m。每天砌筑高度和临时间断处的高度差不应大于1.2 m,砌体的水平灰缝宜控制在10 mm以内,但也不应小于8 mm。

砌体解冻时,因为砌筑砂浆的强度接近于零,解冻期间增加了砌体的变形幅度及沉降量。与常温状态下的砌筑施工时的沉降量相比，下沉量增大幅度为10%～20%。所以，在施工中应经常检查砌体的垂直度与平整度，如发现偏差应立即纠正。凡超过五皮砖以上的砌体发生倾斜时，不应采取敲、砸等方法来修正，而必须拆除重砌。

1）在楼板水平面上，墙的拐角处、交接处及交叉处应配置拉结钢筋，并按墙厚计算，每120 mm宽设置一根$\phi6$钢筋，其伸入相邻墙内的长度不得小于1 m，拉结钢筋的末端应设置弯钩。

2）每一层楼的砌体砌筑完毕后，应立即吊装（或捣制）梁、板、柱，并应适当采取锚固措施。

3）采用冻结法砌筑的墙体，与已经沉降的墙体的交接处，需留置沉降缝。

在解冻期间，应注重对所砌筑的砌体进行观测，尤其是注意多层房屋下层的柱和窗间墙，梁端支撑处，墙交接处及过梁横板支撑处等地方。另外，还必须观测砌体沉降的大小、方向及均匀性，砌体灰缝内砂浆的硬化情况等。观测通常需15 d左右，并做好记录。

（4）作业要求。

1）施工中宜采取水平分段施工，有助于合理安排施工工序，进行分期施工，可以减少建筑物各部分不均匀沉降及满足砌体在解冻时的稳定要求。

2）砌筑的墙体不应昼夜连续作业和集中大量人力突击作业，要求每天的砌筑高度与临时间断处的高度差都不大于1.20 m且间断处的砌体应做成阶梯式，并设置$\phi6$拉结筋，其间距不超过八皮砖，拉结筋伸入砌体两边不得小于1.0 m。

3）采用冻结法施工时，砌筑前需先测定所砌部位基面标高误差，通过调整灰缝厚度进行调整砌体高度的误差，砌体的水平灰缝需控制在10 mm以内。

4）在接槎处调整同一墙面标高和同一水平灰缝误差时，可采用提缝及压缝的办法。砌筑时注意灰缝均匀以及砂浆饱满密实，标高误差分配在同一步架的各层砖的水平灰缝中，要求逐层调整控制，严禁采用集中分配的不均匀做法。接槎砌筑时，应仔细清除接槎部位的残留冰雪和已经冻结的砂浆。在进行接槎砌筑时砂浆必须密实饱满，水平灰缝的砂浆饱满度不应低于80%。

5）墙体砌筑过程中，为了满足灰缝平直、砂浆饱满和墙面垂直及平整的要求，砌筑时一定要做到皮上跟线、三皮一吊、五皮一靠，并还要随时目测检查，发现偏差立即纠正，保证墙体砌筑质量。对超过五皮的砌体，如果发现歪斜，不准敲墙、砸墙或撬墙，必须拆除重砌。

6）在墙和基础的砌块中，严禁留设未经设计同意的水平槽及斜槽。留置在砌体中的洞口、沟槽等，应在解冻前填砌完毕。

7）冻结法砌筑的墙体，在解冻前应进行检查，解冻过程中应组织观测，必要时还需采取临时加固处理，以提高砖石结构的整体稳定性和承载能力，但临时加固不能妨碍砌体的自然沉降，或使砌体的其他部分遭到附加荷载作用。在砌体解冻后，砂浆硬化初期，临时加固件需继续留置，时间不少于10 d。

8）冻结法砌筑的砌体在解冻过程中，当发现砌体存在超应力变形（例如不均匀沉降、裂缝、倾斜、鼓起等）现象时，应分析变形发生的原因，并立刻采取措施，以消除或减弱其影响。

9）在解冻期进行人工观测时，应格外注意观测多层房屋的下层的柱和窗间墙、梁端支撑处、墙的交接处及梁模板支撑处等地方。另外，还必须观测砌体的沉降大小、方向和均匀性，砌体灰缝内砂浆的硬化情况。

10)观测应在整个解冻期内不间断地进行,由于各地气温状况不同,通常不应少于15 d。

3. 暖棚法施工

暖棚法砌筑适用于较寒冷地区的地下工程和基础工程的砌体砌筑。

(1)采用暖棚法施工,棚内的温度要求不应低于5 ℃。

(2)在暖棚法施工之前,应按照现场实际情况结合工程特点,制定经济、合理、低耗、适用的方案措施,编制相应的材料进场计划及作业指导书。

(3)采用暖棚法施工时,对暖棚的加热优先采用热风机装置。如果利用天然气、焦炭炉或火炉等加热时,施工应严格注意安全防火及防煤气中毒。对暖棚的热耗需考虑围护结构的热量损失。

(4)采用暖棚法施工,搭设的暖棚要求坚固牢固,并要齐整而不过于简陋。出入口最好设置一个,并设置在背风面,同时做好通风屏障,并予以保温门帘。

(5)施工中应做好同条件砂浆试块制作和养护,并同时做好测温记录。

讲100:砌筑注意事项

1. 砌基础及砌砖

(1)砌基础前,必须检查槽壁。如果发现土壁水浸、化冻或变形等有显著危险时,应采取槽壁加固或清除有显著危险的土方等处理措施。对槽边有可能坠落的危险物,要进行清理后,才能操作。

(2)槽宽小于1 m时,应在砌筑站人的一侧留出40 cm的操作宽度。在深基础砌筑时,上下基槽必须设置工作梯或坡道。不能任意攀跳基槽,更不能蹬踩砌体或加固土壁的支撑上下。

(3)墙身砌体高度超过地坪1.2 m以上时,应设置脚手架。在一层以上或高度超过4 m时,采用的脚手架必须绑扎安全网;采用外脚手架应设护身栏杆和挡脚板后,才能砌筑。利用原有架子作外沿勾缝时,对架子应重新检查及加固。

(4)不准站在墙顶上划线、刮缝、清扫墙面和检查大角垂直度。

(5)不得使用不稳固的器具或物体在脚手架板面垫高操作,更不得在未经过加固的情况下,在一层脚手架上随意再叠加一层。

(6)砍砖时应面向内砍,以免碎砖跳出伤人;护身栏杆上禁止坐人;不准在正在砌砖的墙顶上行走。

(7)在同一垂直面内上下交叉作业时,必须布置安全隔板,下方操作人员必须配戴安全帽。

(8)已砌好的山墙,应临时加联系杆(如檩条等)放置在各跨山墙上,使其稳定,或采取其他有效的加同措施。

(9)在锤打石时,应先检查铁锤有无破裂,锤柄是否牢靠;打石时对面禁止有人,锤把不宜过长。打锤要按照石纹走向落锤,锤口应平,落锤要准,同时要看清附近有无危险,然后落锤,避免伤人。石料加工时,应戴防护眼镜,防止石渣进入眼中。

(10)不准徒手移动上墙的料石,避免压伤或擦伤手指。

(11)不得勉强在超过胸部以上的墙体上进行砌筑,避免将墙体碰撞倒塌或上石时失手掉下,造成事故。

（12）冬期施工时，脚手板上如果有冰霜、积雪，应先清除后方可上架子进行操作。架子上的杂物和落地砂浆等应随时清扫。

2. 小砌块

（1）上班前，对各种起重机具、设备、绳索、夹具、临时脚手架以及施工安全设施等进行检查。吊装机械应专人管理，专人操作。

（2）在起吊砌块过程中，如果发现有部分破裂且有脱落危险时，禁止起吊。

（3）使用台灵架，应加压重或拴好缆风绳，在吊装时不得超出回转半径拉吊件或材料，避免造成台灵架倾翻等危险事故。

（4）砌块通常较大较重，运输时必须小心谨慎，避免伤人。砌块吊装就位时，应等到砌块放稳后，方可放开夹具。

（5）吊起砌块或构件，同转要平稳，以免重物在空中摇晃，发生坠落事故。砌块吊装的垂直下方通常不得进行其他操作。卸下砌块时，应避免冲击，砌块堆放应尽可能靠近楼板的端部，不得超过楼板的承载能力。

（6）安装砌块时，不得站在墙身上进行操作，也不得在刚砌的墙上行走。

（7）严禁将砌块堆放在脚手架上备用。在房屋的外墙四周应设置安全网。网在屋面工程未完工之前，屋檐下的一层安全网禁止拆除。

（8）冬期施工，应在班前清除附着在机械、脚手板以及作业区内的积雪、冰霜。严禁起吊与其他材料冻结在一起的砌块和构件。

（9）其他安全要求与砖砌体工程基本相同。

6.2　砌体工程雨期施工

讲 101：雨期施工措施

1. 技术措施

（1）雨期施工的工作面不应过大，应逐段、逐区域地分期施工。

（2）雨期施工前，应对施工场地原有排水系统进行疏通及加固，必要时应增加排水措施，确保水流畅通；此外还应防止地面水流入场地内；在傍山、沿河地区施工，需采取必要的防洪措施。

（3）基础坑边要设挡水埂，避免地面水流入。基坑内设集水坑并配足水泵。坡道部分需备有临时接水措施（如草袋挡水）。

（4）基坑挖完后，应立即浇筑好混凝土垫层，以免被雨水泡糟。

（5）基础护坡桩距既有建筑物较近时，应经常测定位移情况。

（6）控制砌体含水率，禁止使用过湿的砌块，以避免砂浆流淌，影响砌体质量。

（7）确实无法施工时，可留接槎缝，但需做好接缝的处理工作。

（8）施工过程中，考虑足够的防雨应急材料，例如人员配备雨衣、电气设备配置挡雨板、成型后砌体的覆盖材料（如油布、塑料薄膜等）。尽可能避免砌体被雨水冲刷，防止砂浆被冲走，影响砌体的质量。

2. 防范措施

(1)施工布置。施工布置应根据晴雨、内外相结合的原则,施工中经常采取"大雨停,小雨干"的方法组织施工。

(2)材料要妥善存放。雨期施工中用砖必须集中堆放在地势较高处,采用毡布或芦苇等遮盖,以减少雨水的大量浸入;砂子也需堆放在地势较高处,周围设置排水沟以利于排水;水泥要存放在封闭且防雨、防潮好的专用水泥棚内按标号、进场时间分类堆放,以免水泥因降雨受潮结块失效造成经济损失。

(3)严格控制砂浆稠度。雨期施工用砂,拌制砂浆时应随时调整用水量,严格控制砂浆稠度。砂浆要随拌随用,防止大量堆积。运输砂浆时要加盖防雨材料,以免被雨水浇淋。如果砂浆受到雨水冲刷,应重新加水泥拌和后再使用。

(4)砖墙砌筑中,应适当缩小水平灰缝。砌筑时应采用"三一"砌筑法,水平灰缝控制在8～10 mm 为佳,每日砌筑高度以不超过一步架高(1.2 m)为宜,避免倾倒。为了连续施工,可以采取夹板支撑的方式来加固。收工时应在墙面上盖一层干砖,并用草席等防雨材料覆盖,以免大雨冲掉刚砌筑好的砌体中的砂浆。如发现灰浆被冲刷,则需拆除 1～2 层砖,铺设砂浆重砌。

(5)内外墙同时砌筑。内外墙尽可能同时砌筑,转角和丁字墙间的连接要跟上。稳定性较差的独立柱、窗间墙,必须增加临时支撑或及时浇注圈梁,这样可以增加砌体的稳定性,保证施工安全。

(6)对脚手架、马道、四口、五临边、井字架、道路等采取防止下沉和防滑措施,保证安全施工。同时复核砌体的垂直与标高,无误后再继续施工。

(7)金属脚手架、高耸设备井架、塔吊应有防雷接地设施。

(8)雨季人员易受寒,特别是淋雨后易感冒,应备好姜汤、药物以驱寒气。

(9)大风、暴雨之前需对井架、提升架及缆风绳、脚手架进行加固,大风、暴雨后要全面仔细的检查、修复加固。

(10)做好防雨及现场排水工作。

3. 防雷设施

施工现场的防雷装置通常由避雷针、接地线和接地体三部分组成。

(1)避雷针:起接引雷电作用,施工中需安装在高出建筑物或构筑物的龙门吊、塔吊、人货电梯、钢脚手架的顶端。

(2)接地线:可选用截面面积不小于 $16~mm^2$ 的铝芯导线或截面面积不小于 $12~mm^2$ 的铜芯导线,也可选用直径不小于 8 mm 的圆钢钢筋。

(3)接地体:有棒形与带形两种形式,棒形接地体通常采用长度为 1.5 m,壁厚不小于2.5 mm 的钢管或∠5 mm×50 mm 的角钢,将其一端垂直打到地下,其顶端离地平面不小于50 cm;带形接地体可采用截面面积不小于 $50~mm^2$,长度不小于 3 m 的扁钢,平卧在地下500 mm 处。

防雷装置的避雷针、接地线与接地体必须双面焊接,焊缝长度应为网钢直径的 6 倍或扁钢厚度的 2 倍以上,电阻不应超过 10 Ω。

4. 机电设备防护

(1)机电设备的电闸要采取防雨、防潮等措施,并应设置接地保护装置,以防漏电、触电。

（2）塔式起重机的接地装置应进行全面检查,其接地装置、接地体的深度、距离、棒径、地线截面需符合要求,并进行测试。

讲102：雨期砌体工程施工准备

1. 技术准备

（1）熟悉图纸,掌握砌筑材料的强度标号。

（2）编制专项的雨期砌体工程施工方案。

（3）在砌筑施工前对操作人员进行雨期砌体工程技术交底。

（4）砌筑材料堆放点需做好防雨和排水措施。

2. 材料要求

（1）砌块的种类、强度必须符合设计要求,并应规格一致;用作清水墙、柱表面的砌块,应边角整齐、色泽均匀;砌块应有出厂合格证明和检验报告;中小型砌块尚应说明制造日期及强度等级。

（2）水泥的品种和强度等级应根据砌体的部位及所处环境选择,通常宜采用32.5级普通硅酸盐水泥、矿渣硅酸盐水泥;应有出厂合格证明和检验报告方可使用;不同品种的水泥不得混合使用。

（3）砂宜采用中砂,不应含有草根等杂物;配制水泥砂浆或水泥混合砂浆的强度等级不小于M5时,砂的含泥量不超过5%,强度小于M5时,砂的含泥量不超过10%。

（4）应采用不含有害物质的洁净水。

（5）掺合料的使用需符合相关规定。

1）石灰膏:熟化时间不少于7 d,禁止使用脱水硬化的石灰膏。

2）黏土膏:以选用不含杂质的黄黏土为宜;使用前加水淋浆,并过6 mm孔径的筛子,沉淀后才能使用。

3）其他掺合料:电石膏、粉煤灰等掺量应由试验部门试验决定。

（6）对木门、木窗、石膏板、轻钢龙骨等以及怕雨淋的材料例如水泥等,应采取有效措施,放入棚内或屋内,要垫高码放并要通风,防止受潮。

（7）防止混凝土、砂浆受雨淋含水太多,而影响砌体质量。

3. 作业条件

（1）基础砌筑前基槽或基础垫层施工都已完成,并做好工程隐蔽验收记录。

（2）首层砌筑前,地基、基础工程都已完成并办理好工程隐蔽验收记录,并按设计要求何标高完成水泥砂浆防潮层。

（3）严格控制砌块的含水率,空心砖含水率应为10%～15%,灰砂砖、粉煤灰砖含水率应为5%～8%。

（4）楼层砌筑时,外脚手架需按雨期施工方案要求搭设,并经检查验收符合安全和使用要求。

（5）中小型砌块砌筑前,需绘制砌块的排列图,并在前1 d将预砌砌块和原结构相接处浇水润湿,保证砌体的黏结性。

（6）做好场地周围防洪排水措施,疏通现场排水沟道,做好低洼地面的挡水堤,准备好排水机具,以防雨水淹泡地基。

(7)现场中主要运输道路路基需碾压坚实,铺垫焦渣或天然级配砂石,同时做好路拱。道路两旁要做好排水沟,确保雨后通行不陷。

4. 施工组织及人员准备

(1)组织熟练的专业队伍进行砌筑工程的操作。

(2)配置经验足够、资质具备的人员组成项目组,并建立强有力的项目管理机构组织。

(3)配备的施工人员必须认真执行相关安全技术规程和该工种的操作规程。

(4)砂浆配制计量、外加剂掺入和搅拌机操作等安排专人负责。

5. 材料和质量要点

(1)材料的关键要求。

1)砌体的种类、强度必须符合现行技术标准和设计要求,应有出厂合格证和试验报告。

2)水泥品种与强度等级需根据设计要求选择,并应有出厂合格证和检验报告。

3)砂应根据砌筑砂浆的强度等级严格控制其含泥量、含水率等。

4)石灰膏熟化时间不少于7 d,禁止使用脱水硬化和冻结的石灰膏。

5)预埋木砖、金属件必须进行防腐处理。

(2)技术的关键要求。

1)砂浆应由实验室做好试配,砂浆的配制重量计量工具必须经过校正合格。

2)经测量确定建筑物的主要轴线需设置标志桩或标志板,并标明基础、墙身及轴线的位置和标高。

3)砌筑墙体必须立皮数杆,皮数杆通常应立在转角处、墙的交接处和洞口多的墙体处,并经检查保证正确。

4)砌筑前,应将基础、防潮层、楼板等表面的砂浆和杂物清理干净,并将砌块或基层浇水湿润。

5)砌体的施工缝需设置在变形缝或门窗洞口处。砌体相邻砌筑分段的高度差不应超过一个楼层高度,且不应大于4 m。砌体临时间断处的高差不得超过一步脚手架高度。

6)对设计有要求的洞口、管道、沟槽及预埋件等,应于砌筑时正确留置或预埋。

(3)质量的关键要求。

1)不得使用含水率过高的砌块,防止砂浆流淌,影响砌体质量。

2)雨后继续施工时,应复核砌体垂直度,保证砌体质量。

3)控制砌筑高度每天在1.2 m以内,防止砌体结构不稳定甚至出现倒塌现象。

4)严格控制砂浆的配合比、砂的含泥量、水灰比以及砂浆的和易性,确保砂浆的强度等级。

5)通过摆底排砖、立皮数杆来均匀控制砂浆的水平灰缝,正确安排砌体留槎(留槎应统一考虑,尽可能减少设置)。

讲103:职业健康安全及环境关键要求

(1)石灰、水泥等属碱性,对操作人员的手有腐蚀作用,施工人员需佩戴防护手套。

(2)砂浆的拌制过程中操作人员应戴口罩防尘。

(3)对工人宿舍、办公室、食堂、仓库等应进行全面检查,对危险建筑物应进行全面翻修、加固和拆除。

(4)检查加固基坑边坡,防止雨天塌滑。

(5)拌制砂浆时所排出的污水需经处理后方可排放。

(6)如果施工的是清水墙,则应注意不弄脏墙面,保持墙面的整洁。

(7)砌筑操作后,墙脚的砂浆等杂物应立即清理,保持环境的干净、整齐。

讲104:资料核查项目

(1)施工质量控制资料(包括雨期砌体工程技术、安全交底及专项施工方案等)。

(2)砌材出厂质量证明和产品性能检测报告。

(3)砂浆配合比通知单和试块抗压强度试验报告。

(4)各检验批的主控项目、一般项目质量验收记录。

(5)施工记录(包括施工日记、砌体的预检与复核记录、砌体工程检验批质量验收记录以及雨后砌体是否有垂直度的改变、是否产生了裂缝、是否有不均匀现象等记录)。

(6)重大技术问题的处理或修改设计的技术文件。

讲105:成品保护

(1)对已成型的砌体,收工时用塑料薄膜等覆盖,防止雨水冲走砂浆,致使砌体倒塌。

(2)砂浆稠度应合适,砌筑操作时应防止砂浆流淌而弄脏墙面。

(3)如果是清水墙砌体,应及时进行勾缝。

(4)预留有脚手眼的墙面,应用与原墙相同规格及色泽的砌块嵌严密,不留痕迹。

(5)外露或预埋在基础里的各种管线和其他预埋件,应注意保护,不能碰撞损坏。

(6)加强对抗震构造柱预留筋及拉结筋的保护,不得随意碰撞或弯折。

讲106:安全施工措施

(1)雨期施工基础放坡,除按规定要求外,必须进行补强护坡。

(2)塔式起重机每天作业完毕后,须将轨钳卡牢,避免大雨时滑走。

(3)脚手架下的基土夯实,搭设稳固,并有可靠的防雷接地措施。

(4)雨天应用电气设备,要有可靠防漏电措施,以免漏电伤人。

(5)对各操作面上露天作业人员,准备好足够的防雨、防滑等防护用品,保证工人的健康安全,同时避免造成安全事故。

(6)严格控制"四口五临边"的围护,布置道路防滑条。

(7)雷雨时工人不急在高墙旁或大树下避雨,禁止走近电杆、铁塔、架空电线和避雷针的接地导线周围 10 m 以内地区。

(8)人如果遭雷击触电后,应立即采用人工呼吸和胸外按压急救并请医生采取抢救措施。

(9)当遇大雨或暴雨时,砌体工程通常应停工。

6.3 砌体工程高温和台风季节施工

讲107：高温季节施工准备

（1）根据施工生产的实际状况，积极采取有效的防暑降温措施，充分发挥现有降温设备的效用，添置必要的设施，并及时做好检查维修工作。

（2）关心职工的生产、生活，注意劳逸结合，严格控制加班加点。入暑前，抓紧做好高温、高空作业工人的体检，对不适于高温、高空作业的适当调换工作。

讲108：技术措施

（1）高温季节砌砖，要特别强调砖块的浇水，通常在清晨或夜间提前对集中堆放的砖块充分浇水，使砖块保持湿润，以防砂浆失水过快影响砂浆强度和黏结力。

（2）砌筑砂浆的稠度要适当增加，使砂浆有较大的流动性，灰缝容易饱满，或在砂浆中掺入塑化剂，以提高砂浆的保水性及和易性。

（3）砂浆需随拌随用，对关键部位砌体，要进行必要的遮盖、养护。

（4）掺外加剂的砂浆，必须严格按照使用说明拌制。

讲109：高温季节施工安全措施

（1）夏季施工要注意防止中暑情况的发生，应采用多种形式对职工进行防暑降温知识的宣传教育，使职工知道中暑症状，掌握对中暑病人采取应急措施。

（2）合理安排作息时间，避开中午高温时间工作，严格控制工人加班加点，高处作业工人的工作时间应适当缩短，确保工人有充足的休息和睡眠时间。

（3）对容器内和高温条件下的作业场所，要采取措施，搞好通风及降温。

（4）对露天作业集中和固定场所，应搭设歇凉棚，避免热辐射，并要经常洒水降温。

（5）高温、高处作业的工人，应经常进行健康检查，发现有作业禁忌症状者，应立即调离高温或高处作业岗位。

（6）要及时供应达到卫生要求的茶水、清凉含盐饮料、绿豆汤等。

（7）要经常组织医护人员深入工地进行巡回医疗及预防工作。

（8）工地设医药卫生室，根据工人数量配置专业人员值班，夏季施工要保证卫生室24小时开启，配备一些常用药品及一些器械，做好日常工人的卫生保健，并在发生事故时及时参与救援。

讲110：台风季节施工措施

（1）加强台风季节施工时的信息反馈工作。收听天气预报，及时采取防范措施。台风到来前进行全面检查。

（2）对各楼层的堆放材料进行全面整理，在堆放整齐的同时必须进行可靠的压重和固定，以免台风来到时将材料吹散。

（3）对外架进行细致的检查、加固。竹笆、挡笆及围网增加绑扎固定点，外架和结构的拉结要增加固定点,同时外架上的全部零星材料及零星垃圾要及时清理干净。

(4)塔吊的各构件细致检查一遍,同时塔吊的小车与吊钩要停靠在最安全处,封锁装置必须可靠有效。对塔吊拔杆用缆风绳固定在可靠的结构上。驾驶室的门窗需关闭锁好。

(5)台风来到时各机械需停止操作,人员应停止施工。台风过后对各机械及安全设施进行全面检查,没有安全隐患时方可恢复施工作业。

参考文献

[1] 国家标准. 砌体结构设计规范(GB 50003—2011)[S]. 北京:中国计划出版社,2012.

[2] 国家标准. 建筑结构检测技术标准(GB 50344—2004)[S]. 北京:中国建筑工业出版社,2004.

[3] 国家标准. 建筑结构加固工程施工质量验收规范(GB 50550—2010)[S]. 北京:中国建筑工业出版社,2011.

[4] 国家标准. 砌体结构工程施工质量验收规范(GB 50203—2011)[S]. 北京:中国建筑工业出版社,2012.

[5] 国家标准. 砌体工程现场检测技术标准(GB/T 50315—2011)[S]. 北京:中国计划出版社,2012.

[6] 国家标准. 烧结多孔砖和多孔砌块(GB 13544—2011)[S]. 北京:中国标准出版社,2012.

[7] 国家标准. 轻集料混凝土小型空心砌块(GB/T 15229—2011)[S]. 北京:中国标准出版社,2012.

[8] 行业标准. 石膏砌块(JC/T 698—2010)[S]. 北京:中国建材工业出版社,2011.

[9] 行业标准. 炉渣砖(JCT 525—2007)[S]. 北京:中国建材工业出版社,2008.

[10] 行业标准. 粉煤灰混凝土小型空心砌块(JCT 862—2008)[S]. 北京:中国建材工业出版社,2008.